華麗島歲月

新垣宏一 著

張良澤 編譯

▲昭和58年(1983)11月3日作者獲日本天皇頒授勳四等瑞寶章。

▲打狗尋常高等小學校。（後改名高雄第一小學校）

▲打狗新濱町直通高雄，山麓下有東齒科醫院。

▲高雄第一小學校全景。

▲大正12年(1923)小學五年級。中右爲級任老師武井先生。中左爲校長。校長之旁爲新垣宏一。

▲大正13年(1924)，高雄第一小學校全體畢業生合照。(教員穿文官服，學童穿紋服。)

▲高雄中學入學留影。(內高領、外大領的服裝，全國少見。)

十六歲畢業於高雄中學。▶

▲昭和6年(1931)台北高校入學留影。

台北高等學校校舍。(現為國立台灣師大)

1931年4月22日，台北高校入學聚餐。前排左端爲新垣宏一。

紀念祭化裝遊行。左二女裝爲新▶
垣宏一。

▲台北高校生的青春狂歌。(1934年)

紀念祭演劇。新垣宏一飾女侍應生，王汪村飾船員。▶

▲1932年暑假返高雄，與雄中同學合影。左起：吉田(浦和高校)、新垣(台北高校)、郡山(東京商大)、鎌田(九州齒科醫專)。

◀二十歲紀念同學會於屏東。左爲新垣。右爲岡野。中爲淺見先生。

▲高校同學三年級畢業聚餐。左爲新垣。

◀台大軍訓課因缺席過多，被罰短期入伍於屏東飛行第八連隊，以補學分。(1936年)

▼台北帝大畢業紀念。左爲作者，中爲王江村，下爲林維吾。(1936年)

南二女校長西村寬司先生。▶

▼台南第二高等女學校全景，其對面爲官舍，再北方爲南門城。（按：該校戰後改爲南師學生宿舍，譯者於此生活二年。）

▲初任南二女教職。

◀任教南二女時，作者的書齋。

▼任職於南二女中

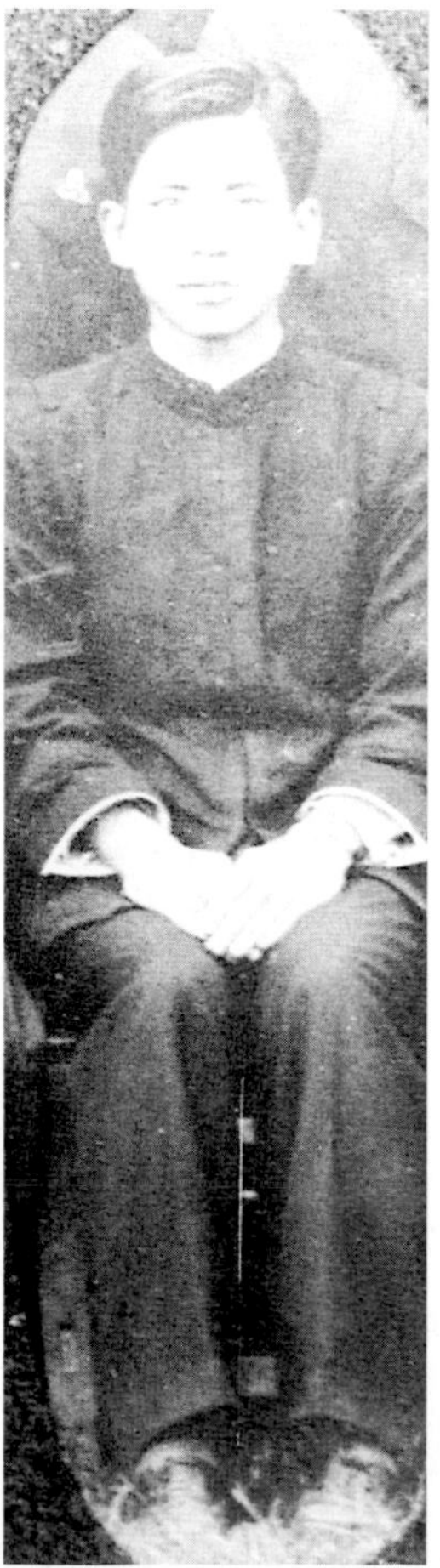

接待西川滿(右立者)、春山行夫(坐者)遊安平古堡。▶

▼右起西川滿、島田瑾二、立石鐵臣、新垣宏一。

▲與松原小姐結婚，新婚旅行，攝於台北植物園。

◀南二女遊行經過台南新報社(戰後改爲中華日報)。

▲接待菊池寬(前左二)至南二女演講。

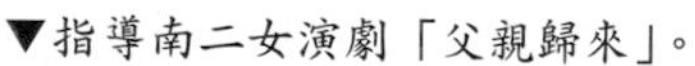

◀南二女畢業旅行，遊台中公園。

▼指導南二女演劇「父親歸來」。

任教南二女中。▶

▼南二女畢業旅行，遊阿里山(1940.2)。

▲作者擔任南二女級任導師，與全班學生合影。

▲作者轉任台北第一高女時，與南二女擔任班級之全體學生合影惜別。

▼南二女中全校教師、學生。

▲北一女時代的作者。

德島教育研究所所長時代的▶作者。

▼高校校長時代的德島書齋。

目次

自傳

(一)

私が生まれたのは南台湾の高雄で、一九一三年(大正二年)、一月三十日のことでした。

　私が物心ついた頃、高雄の地名は打狗(ターカウ)といい、中部台湾の打猫(ターミョウ)を民雄(タミヨ)と変えたのにならって改名されました。高雄は、日本人(内地人)によって開発された、貿易商業港湾市街です。台湾縦貫鉄道の終着地で米、砂糖、材木、セメントの集散地として日本内地及び、南支南洋向けに開かれた町でした。駅の前は新浜町、そして湊町(ミナトマチ)という純日本風の町づくりで、すぐ近くには高雄山(外人が猿山、エープヒルと呼ぶ、寿山(コトブキヤマ))がありました。この南方に開かれた新浜町、湊町は殆ど内地人が

第一章　追逐鹿羌的童年

　我於一九一三年(大正二年)一月三十日，出生於南台灣的高雄。

　在我懂事的時候，高雄的地名叫「打狗」。連同台灣中部的「打貓」(ターミョウ)改名爲民雄(タミョ)的同時，「打狗」(ターカウ)也改名爲高雄(タカオ)。高雄是由日本人(內地人)開發出來的貿易商港城市，位於台灣縱貫鐵路的終點，爲米、砂糖、木材、水泥的集散地，航貿至日本內地、華南、南洋等地。高雄車站前，是純日本式建築的新濱町與湊町。近處有高雄山(外國人稱「猿山」，後改名爲「壽山」)。這兩條幾乎全由日本人開發出來的南國街道，成爲居住中心地，郡公所、

開拓、居住していた中心地で、郡役所、警察署、郵便局、銀行、寺院、食品市場、小学校などが早くから創設されており、私の就学校は明治四十年春に開校の湊小学校(後の高雄第一小学校)です。この湊町は五人ほどの內地人の顔役、たとえば杉本音吉、芹沢健次、平田末次ほか中村、大坪などの各組が割拠して、海運業、貿易、港湾荷役、倉庫業、築港工事、商業地区などの諸権利をめいめいが分け持って大きな地盤を築き、內地人官民のすべてがいずれかの勢力系列下に属していたような状況でした。

そもそも高雄の町は港の向かいの支那風の町、旗後町に一時期定住した日本人達が対岸に移住して、純日本風な町家を建てならべはじめ、旅館、料理屋、呉服屋、食品雜貨、下駄屋、玩具屋、金物店、材木屋、本屋、病院など

警察署、郵局、銀行、寺院、食品市場、小學校等公共設施早已相當齊備。我就讀的湊小學校，創設於明治四十年(一九〇七)春，後改名為高雄第一小學校。這條湊町街上有五個大頭人物的內地人，即杉本音吉、芹澤健次、平田末次、中村、大坪。各組勢力雄厚，分別佔領了海運業、貿易、港口貨運、倉庫業、築港工程、商業地區的地盤，瓜分了各種權益。內地人官民無不屬於其中一組的勢力系列之下。

早期日本人亦曾短暫居住過高雄港對面中國式的城鎮旗後町，後來移住於對岸，開始建造純日本式的街樓。於是，旅館、料理店、和服店、食品雜貨店、木屐店、玩具店、五金行、木材行、書店、醫院等漸漸增

が増えました。この中に、多くの官吏（警察官、税関吏員、教師）、少数漁民ら内地人たちが生活する環境を作っていたわけです。この湊町の東の一角が前に述べた高雄山の山麓となっていて、私ども男の子たちが木剣を腰にさして、戦争ごっこで遊んだ場所でした。この山腹の道側に、東（ヒガシ）歯科医院がありました。その家近くのジャングルは、私どもが鹿（キョン）や、センザンコウ（台湾語でラーリー）という蟻食いなどを発見したりした、秘密の探検地帯です。この歯科医院の先生は東熙（キイチ）市という、紀州新宮町の出身でした。

ちょうどこの頃（大正九年）に、同郷の小説家佐藤春夫が有名な恋愛事件後の落魄の身を、台湾に数ヶ月間寄せた時でした。この東家に滞在中、高雄を拠点に台南、鳳山や、南支那を遊歴

加，形成多數官吏（警察、海關稅吏、教師）及少數漁民的內地人生活環境。這湊町東邊的一角就是高雄山的山麓，我們男孩子常常腰佩木劍，在這兒玩騎馬打仗的遊戲。這山腰的路邊，有一家東齒科醫院，這醫院附近的森林裡，我們常發現鹿（台語叫「羌仔」）及穿山甲（即食蟻獸，台語叫「拉狸」），是我們秘密的探險地帶。這家齒科醫院的醫師叫東熙市，出身於紀州新宮町。

正好這時期（大正九年）同鄉的小說家佐藤春夫鬧出了有名的戀愛事件後，失魂落魄來台停留數個月，便是住在東家，以高雄為據點，遊歷了台南、鳳山、華南，產生了以後

して、後年の名作を数多く生むわけですが、当時の少年たちは少しも知らなかったことで、もっぱら猿やキョンを追いかけて走り廻っていました。

こんなわけで純日本的町に暮らしていた私どもの近くには台湾人が少なく、出遭うのは台湾の荷揚げ人足、町内にやって来る清掃夫、そして人力車(トウチャー)ひきなどの、いわゆる苦力(クリ)と呼ばれた下層者たちで、その子供たち(ギナア)と遊ぶことはまずありません。旗後(キゴ)や塩堤(エンテイ)町に行って、そのギナアたちとカタコトの言葉で交わることがあるくらいでした。台湾人の中にも、陳中和という日本人よりずっと金持ちの大地主がいて、台湾製糖系の農場で多くの農夫を養っていた資産家が同じ高雄の郊外にいるとは、大人になるまで知らないでいたのが実

的諸多名作。而當時年幼的我們不知此事，只是成天在追趕著猴子與羌仔。

因爲生活在純日本的街道，周邊很少有台灣人，遇到的頂多是港灣的卸貨工人，或街上的清道夫，以及拉人力車的車夫，即當時稱爲「苦力」(クリ)的勞動階層。從未跟他們的囝仔(ギナア)玩過。偶爾跑到旗後或鹽堤町，跟囝仔們交談幾句台灣單詞而已。直到成年之後，我才知道台灣人之中，有個叫陳中和的大地主，比日本人更有錢，不但擁有台灣製糖會社的農場，還擁有許多農夫，而且同樣住在高雄的郊外。

際だったのです。

悪童少年たちに引き廻されていた私もそのうちに読書少年へと変わっていき、その方面の友達も多数できました。男子では吉田格、岡野正治（後に小平姓となる）、野町正雄、大西安治、大谷安次郎、福田晴次、今給黎（イマギレ）巽（タツミ）、井口省吾、その他、内田、倉橋、橋本、江口、井上（後の坂倉）、宮田、中塚、菊池などがいました。この中でもとくに親しくしていた吉田は成績優秀で、私や岡野がどんなに頑張ってもいつも吉田が一等賞で、級長でした。私ども商家の子たちは、吉田が高等官の役人の家柄で、学校側がえこひいきをしたと勘繰っていたようですが、実際には算術、理科などに優れていて、理科系の不得手な私などにはとてもかなわぬことだったのです。そのかわり、私は立川文庫の濫読にす

跟著頑童少年們後面奔逐的我，沒想到也會變成讀書少年，那是因爲這方面的朋友也很多。男孩子當中有吉田格、岡野正治（後易姓小平）、野町正雄、大西安治、大谷安次郎、福田晴次、今給巽、井口省吾，其他還有內田、倉橋、橋本、江口、井上（後易姓坂倉）、宮田、中塚、菊池等人。其中最親密的吉田是優等生，我和岡野再怎麼努力，都無法趕上第一名的吉田班長。我們生意人的孩子都會以爲吉田出身於高官家庭，學校對他有偏心，加上他的算術、理科非常強，而我對理科很不得手，當然拚不過他。然而，不擅理科的我便浸淫於「立川文庫」的書中。這些袖珍本都在漢字旁邊加注假名，讀來容易，因此我的國語與作文能力大增。

つかりはまりこんでいきました。これら豆本類は、本文の全ての漢字にふり仮名がふってあり読み易く、そのため国語や綴り方の力がつきました。

ある時、当時台湾で唯一の学習雑誌『台湾子供世界』というのに投稿した綴り方が最優秀に選ばれて、置時計を受賞しました。その時、同じ号で第二席に入賞した岡野と二人の賞品、賞状伝達式が全校集会で行われ、校長先生から「台湾一だ、おめでとう」と祝詞をいただきました。このことを岡野がいつまでも覚えていて、後々までも喜び語っております。その綴り方というのは、高雄の美しかった海のことを書いた写生文で、一生忘れ得ぬ高雄港、汽船、軍艦の有様の記憶が長く残っております。その時の同級生の宮田というのがものすごく軍艦の絵がう

有一次，我投稿於台灣唯一的兒童雜誌『台灣子供世界』，入選爲最優秀作品，得到了一個座鐘。同一期入選第二名的是岡野。全校朝會時，兩人上台領獎，校長致賀道：「台灣第一！恭禧。」此事岡野記得很淸楚，日後還常常自喜自詡。那篇作文是描寫高雄港灣之美的寫景文章，畢生難忘的高雄港、汽船、軍艦的景象，迄今記憶猶新。那時候，班上有個叫宮田的同學，很會畫軍艦，大家都搶著要他的鉛筆畫。擅長繪畫的我，再怎樣也畫不過他的軍艦。可是後來開始畫臘筆畫時，我畫的大紅花扶桑花，竟得了高

まく、その鉛筆画は皆から欲しがられ、絵も得意だった私も宮田の軍艦にはかないませんでした。後にクレヨン画がはじまった時、私の赤い花仏桑華（ハイビスカス）の図画が、高雄州全小学校展で最優秀賞となり、私も男子や、とくに女生徒たちに望まれて、おおいに得意で宮田に負けない気になりました。

女生徒といえは、同級の女の子にも友達ができ金本百合子、関正子、芹沢富美子、杉本米子、末広敏子、由利敏子、池元春恵、本田テイ子、千々和ウタエ、原見正子ほか、日高、小西、河野らそれぞれが仲良し同志となり、成人後にも友情を持ちつづけられました。男女で陣取り、鬼ごっこや縄跳び、お手玉遊び（オジャミ）などのため、湊町、新浜町から皆が集まって騒ぎ暮らしたことの思い出は、ちょうど樋口一

雄州全小學展的最優秀獎，不但男孩子，連女孩們也都羨慕我；我爲了沒輸給宮田而洋洋自得。

同班女同學當中，也交了不少好朋友。金本百合子、關正子、芹澤富美子、杉本米子、末廣敏子、由利敏子、池元春惠、本田テイ子、千千和ウタエ、原見正子，以及日高、小西、川野等人，直到成人之後還連繫著友情。男女孩們混在一起，玩捉鬼、玩跳繩、玩手毬（譯著按：用布裝沙做的小毬）等等，從湊町、新濱町聚集而來熱鬧滾滾，正如樋口一葉的小說『比身高』（たけくらべ）所描寫的

葉の『たけくらべ』と同じ下町の世界でありました。

しかし、楽しい良いことばかりではありません。あの関東大震災の恐ろしい話が台湾の果てにも伝えられ、大震災の歌や、活動写真や、幻燈写真を見ることがありました。これらを岡野の家で見せられたのですが、間もなく日本を襲った経済パニックで、高雄も多くの倒産続きの世となりました。そして、豊かであった岡野商会などをはじめ友人の家々がつぶれだし、広野広俊の店も廃業に追い込まれ、南米ブラジルに移住するため高雄を去るなど散りぢりの別れとなり、皆がそろって中学校、女学校に進学することができなくなったのです。

庶民世界。

但是好景不常。關東大地震的慘狀也傳到天邊海角的台灣，「大震災之歌」以外，還看了大震災的記錄影片及幻燈片。這些都在岡野家放映給我們看的。不久，經濟蕭條侵襲日本，高雄也有很多人破產。富裕的岡野商會倒閉了，廣野廣俊的家業也倒閉了。友人們的家一個個關門，有人撤離高雄移民到南美的巴西。散散落落，致使大家無法一起升上中學校或女學校。

(二)

少年時代の大正から昭和に移る頃の日本と台湾の世相は、多くの唱歌に歌われたのを思い出します。明治時代の戦時歌、軍歌が多く子供達にも歌われ、日清日露戦争の頃に歌われた「元冠」「黄海海戦」や、「戦友」「広瀬中佐」「橘中佐」などの歴史歌があります。人物では大楠公などの忠臣、武士とともに、庶民の代表ともての孝子「二宮金次郎」などがあり、高雄の小学校でも男子は「白虎隊」の歴史歌、女子は「赤十字看護婦隊」などの時局歌が運動会などの遊戯歌として歌われました。そして私も立川文庫的少年文化から、後の佐幕派文学や、少年倶楽部の立志ものに心情を移していきました。

第二章　沈醉於浪漫詩的文學少年

我的少年時代正值大正期轉入昭和期的年代。那時日本與台灣的社會，流行著很多歌曲。明治時代的戰歌、軍歌，很多孩子都會唱。譬如日清、日俄戰爭時的歌曲有「元寇」、「黃海海戰」、「戰友」、「廣瀨中佐」、「橘中佐」等歷史歌；人物歌有大楠公等忠臣及武士；還有代表庶民的孝子「二宮金次郎」。高雄的小學運動會，男孩子唱「白虎隊」，女孩子唱「紅十字的看護婦隊」，歷史歌與時局歌都變成遊戲歌了。而我的心情也從立川文庫的少年文化慢慢轉移到佐幕派文學或『少年俱樂部』的偉人傳記。

そして、世相はまた暗くなっていき、流行する歌も淋しく、悲しいものになっていきます。「東京大震災の歌」、「枯れすすき」、「カチューシャ」、「流浪の歌」などで

「流れて流れて　落ち行く先は　北はシベリヤ　南はジャバよ……」や

「どうせ二人はこの世では　花の咲かない枯れすすき……」とか

「命　短し　恋せよ乙女……」そして

「苦しき恋よ花うばら　悲しき恋よ花うばら……」などを文学青年の那須先生がヴァイオリンを弾き、美女の松川先生がオルガンで合奏する二人きりの教室での姿を見て、子供の私にもこの二人は恋人同士なんだなと、ひそかに同情していました。

その那須先生は、国語の時間には教科書を使

隨著世態的暗淡，流行歌曲也變得寂寞悲涼了，譬如「東京大震災之歌」、「枯乾的芒草」、「頭簪」、「流浪之歌」等。歌詞中有如：

「漂著漂著，漂到何方？

北至西伯利亞，南至爪哇喲……」

「反正你我在這世上是

不會開花的　枯芒草……」或者什麼——

「生命短暫，戀愛吧，少女……」然後——

「苦戀喲薔薇花，

悲戀喲薔薇花……」由文學青年的那須老師拉著小提琴，美貌的松川老師彈奏風琴，兩人在教室裡合奏的背影，即使小孩子的我，也知道他倆墮入情海，心中不禁暗自同情。

那須老師上國語課時，把教科書拋在一

わずに、私達子供にはわからない二葉亭四迷の『平凡』や、有島武郎の一節を読み聞かせ、写し書きもさせられました。『カインの末裔』には、ただ暗い話だなと感じたきりで、なんでこんな作品を教えられるのか、中学受験をひかえた私ども、ことに父兄達の大不満となっていきました。しかし、間もなく先生は、東京の大学に入るために学校を去られました。

その後、浅見昭輝先生という、とても恐ろしい先生から猛特訓を受けることになり、先生のヒステリックな授業には大閉口で、ことに算術系の苦手な私には恐怖そのものでした。それでもおかげで男子も女子も多数が、開校真新しい高雄中学と高雄高女に合格し、入学することができました。当時の中学校では、合格発表名簿は成績順に書き出され、毎回、第一小学校を卒

邊，朗讀那些孩子們都莫名其妙的二葉亭四迷的『平凡』或有島武郎的一段作品給我們聽，還叫我們抄下來。『該隱的末裔』的故事只叫人感到心中暗淡，爲什麼要教這些作品呢?中學入學考試已迫近，不僅是孩子們，連家長們都很不滿。不久，老師考上東京的大學，便離開學校了。

之後換上淺見昭輝老師，非常嚴厲可怕，一天到晚逼我們用功。他那歇斯底里性的授課，令人不敢領教;尤其對數理科最棘手的我，一上課就感到恐懼。不過，由於老師的造就，使得許多男孩子、女孩子考上創校不久的高雄中學與高雄女中。當時中學校合格發表名單是按成績排列的，每年第一小學的畢業生都獨佔鰲頭。可惜這一年，吉田

業したものが一番を占めていました。ところがこの年は吉田格が一番を取れず、第二小学校の小村某が一番であったため、同級生皆で残念がったものでした。そしてこの時、不思議なことに私が吉田より上位で合格しました。その時、吉田は身体検査の結果が悪かったせいだと自分で言っておりました。

中学校には高雄州全域から百人が選ばれ、各校から最優秀生が入学してきていました。田舎の学校から指田（サシダ）隆之介というのが来て、いつも一番の成績で、恐れ入ったものでした。中学では鄭、許、陳、黄、李らの優れた本島人の生徒に初めて出合い、公学校が決して小学校に劣っていないどころか、むしろ優れた人材を生んでいることを初めて知りました。

その時代になると台湾人の知識階級が、日本

格沒拿到第一名，而被第二小學的小村某佔了榜首，大家都感到遺憾不已。不可思議的是我的名次竟然在吉田之上。那時，吉田自己辯解道：因爲身體檢查的結果不好，才受到影響。

高雄中學校學生是從高雄州的各小學選出來的精英，共約百人。從鄉下小學考進來的指田隆之助，每次考試都第一，令人佩服。中學裏首次遇到鄭、許、陳、黄、李等優秀的本島人學生。始知公學校（譯按：即台灣子弟就讀的小學校，稱爲「公學校」）絕不比小學校（譯按：即日人子弟就讀的小學校，稱爲「小學校」）差，甚至孕育許多傑出的人材。

到了這個時代，一些台灣人知識份子開

帝国の統治に多くの問題点を指摘して、台湾人の地位向上のため、様々な政治運動、社会的活動が台頭していましたが、私達内地人少年には何も聞かされていませんでした。その頃、全国の中学校では軍事教育が押し進められ、台湾でも内地人に、兵役につながる授業がおこなわれ、本島人生徒もこの授業につき合わされるといった状態だったのです。

その軍事講話では、「国家総動員」などという新語についての解釈講話がはじまりましたが、私たちにはまだ理解できない退屈なはなしだけでした。それよりも退屈だったのは、「法制経済」という公民社会科的な授業での市役所の課長引退後の老教師の話でした。ところがある時間に、許がその役人上がりの先生に「台湾議会設置」と、「台湾文化協会」などと聞いたことの

始公然指責日本帝國統治的許多問題；並為了提高台灣人的地位，展開種種政治運動與社會運動。但我們內地少年什麼都不知道，也沒有人跟我們講這些事。當時全國中等學校都實施軍事教育，在台灣的內地人也要服兵役，本島學生雖不必服兵役，但也要跟我們一起上軍訓課。

軍訓課講解「國家總動員」等等新詞彙，聽來索然無味，也難以理解。更枯燥的是公民社會科的「法制經濟」課程，擔任老師是從市公所退休下來的老教員。有一次，許同學對這位官吏出身的老師問起「台灣議會設置」「台灣文化協會」這類我們都未曾聽過的問題，並緊逼老師不放。老先生吞吞吐吐地說不出所以然來，最後說道：「那些事，我也

ないことばについて質問して、盛んに食い下がったのです。我々にもわからないことであり、老先生もたじたじとなった様子で、「そういうことは、わしにもわからんのじゃ。おまえは共産党か」と言うと、許はなおも執拗に食い下がるので、我々は学科に無関係な話だと、皆で許の質問を押しとどめ、教室内は怒号でいっぱいになったわけですが、他の本島人の生徒は黙って傍観していました。その事件後、いつも許のことを「許・産党」、「共・産党」と野次ったものでした。

その頃は、東京大震災の前後の共産主義や、半島民族の思想活動への弾圧が激しく、いわゆる「アカ」についての取りしまりがひどくなって、日本政府が文学界の弾圧に全力を注ぎはじめた時代で、プロレタリア文学が現れはじめて

不甚清楚。你是共產黨嗎?」許君一聽，更是追問不捨。我們認爲這些話跟學科無關，大家制止許君的質問，教室一時充滿吼聲怒號。可是其他本島人學生都沈默傍觀而已。這事件之後，大家便戲稱許君爲「許(キョ)產黨」或「共(キョウ)產黨」。(譯按:「許」、「共」之日文發音相近。)

這時候，日本政府對東京大震災前後興起的共產主義及朝鮮半島的民族思想大加鎭壓，所謂取締「赤色」的時代。而且對文學界的鎭壓也加劇，可是普羅文學(譯按:即無產階級文學)卻不斷出現。然而在台灣島內，普羅

いたのです。しかし台湾島内では、それらが公然とは発表されず、わずかの台湾人の作家が、中央の文壇に登場しはじめていました。私はそれらの作品を、単なる自然主義的なリアズムの一派と見なして、それから離れたロマンチックないわば、センチメンタルな詩集を読み、自分の作品を書き、自己満足に落ち入っていたのでした。

町の小さな図書館で読み耽ったのが室生犀星、北原白秋、西條八十などで、雑誌では少年倶楽部、日本少年とは別に、西條八十派の『臘人形』の叙情詩世界の影響を受けて、同じ好みの詩人仲間を集め、「マロニエ」というガリ版印刷本の少部誌を発行しました。高木昌寿、楠瀬尚、渡辺功、岩井義雄などの連中が、それぞれペンネームを使って参加したのです。私は新垣

文學不能公然發表，所以少數的台灣人作家便開始登場於內地的中央文壇。我把那些作品都看做僅僅是自然主義式的寫實主義之一派而已。我只愛讀與上述無關的浪漫的感傷的詩集，寫著自己的作品，沈醉於自我滿足的境地。

在街上的小圖書館內，我迷上了室生犀星、北原白秋、西條八十等人的作品。雜誌方面，除了『少年倶樂部』、『日本少年』之外，受到西條八十派的『臘人形』的抒情詩世界的影響，遂召集幾個愛詩的同學，創辦了鋼版印刷的詩誌『マロニエ』，發行給自己看。高木昌壽、楠瀨尙、渡邊功、岩井義雄等人都用筆名來參加，而我用了兩個筆名，

光一と源氏車という名でした。その頃ははじめて音声の出る映画(トーキー)で、『巴里の屋根の下』とか『モロッコ』などが上映されたときでした。私はマロニエという語感が好きで、我ら同人をマロニエ社と称し、とうとうこの少年達の投稿作品が、当時の南台湾で読まれていた『台南新報』に掲載されたのです。はじめて活字になった詩を互いに祝福し合ったものでしたが、これらが十代の文学少年達の仕事とは知られずにいたのでした。

この時も親友の岡野の家が破産して、一家が離散し、彼は私どもと並んで中学校に進学できず、別れるハメになりました。しかし、さすが頭のよい彼はその後、独力で苦難の道を切り開き、数十年後には、戦後の東京都で大学の事務官や、都の課長にまで出世したのです。

即「新垣光一」與「源氏車」。那時候，有聲電影剛出來，「巴黎的屋頂下」「摩洛哥」等電影上映，只覺得「摩洛尼耶」的語感很好，同人們便組成『マロニエ社』。這些少年們投稿的作品終於被當時廣泛發行於南台灣的『台南新報』所發掘而登載出來。第一次看到被印成鉛字的詩，大家樂得互相祝福起來，外人都不知道這是十幾歲的文學少年們的作品哩。

這時，好友岡野的家也破產了。一家離散，無法跟我們一起升中學校，彼此分道揚鑣了。畢竟是腦袋聰明的他，以後獨自刻苦奮勉，開創前程，戰後在東京都當了大學的事務官，也升到都政府的課長。

経済恐慌に荒れた高雄では、岡野の家がつぶれたと同じく芹沢の組が破れ、その系列で働いていた我が家も、そのため逼塞の運をたどり、芹沢家が出た後の豪邸には、新しく坂井辰治がS銀行の若い支店長として、台南から来任して来ました。坂井氏の夫人琴子さんは絶世の美女でした。近くに住んでいる私が出入りできるようになると、琴子夫人は、読書好きの私に目をかけてくださり、いろいろな文学書や、演劇の話をされ、私にはまだ難解な高山樗牛の『滝口入道』を読めということで貸し与えられ、はじめて大人の文学に目を開かされたのでした。坂井家には、この時生まれたばかりの女の子がいました。坂井翠さんです。坂井家と親しくなった私は、それからずっと一生のつきあいをさせていただき、高校、大学を通じて身元保証人と

受到經濟恐慌波及的高雄，與岡野家同樣的，芹澤家也破產了。屬於芹澤組系列的我家也陷入困境了。芹澤家搬走之後，留下來的豪華住宅換了新主人—坂井辰治，是S銀行的年輕支店長，從台南來上任的。坂井氏的太太琴子夫人是絕世美人。因與我家近鄰，不知何時我開始進進出出於他們家之後，琴子夫人便注意到我愛看書，於是常跟我講些文學書及戲劇的故事，甚至借給我一本難懂的高山樗牛的作品『瀧口入道』，叫我要好好讀。我第一次接觸到大人的文學。坂井家有一個生下不久的女孩，名叫坂井翠。跟坂井家混熟的我，其後終生交往；我就讀高校、大學時，也都請他們當我的保證人。

なっていただいたわけです。

　中学校ではそんな文学少年でしたから、相変わらず理数科がさっぱりで望月、熊谷、曽我、広瀬、野村の諸先生にはずいぶん迷惑をおかけし、上級学校進学もあやしいことでした。好きな学科は英語で小林、斉田、高橋、増村の諸先生の教えには、どうやらついていけました。

　二年の時、校友会雑誌に『日本軍艦の歴史』という英作文を発表しました。これは、増村先生のていねいな手直しがあったもので、それと同時に「えんどう豆の成長」に関した連句を発表し、私が文学の得意な人間であることを表現できたのでした。

　そんなわけで、私の学力などではとても上級学校進学の見込みはなく、皆と同人雑誌などにとらわれていたのが、その大きな失敗でありま

　中學校中的文學少年，依然對數理科束手無策，給望月、熊谷、曾我、廣瀨、野村等諸位老師增添許多麻煩，差一點就被留級。而我喜歡的科目是英文，小林、齊田、高橋、增村諸位老師的教學，我都大致可趕上。

　二年級時，我在校友會雜誌上發表了一篇英文作文，題爲「日本軍艦的歷史」。這也是經過增村老師細心修改的。同時，也發表了連句「豌豆的成長」，總算表現了我是擅長文學的人。

　因此，以我的學力是無法考上高中的，皆因與大家搞搞同人雜誌而鑄成大錯。雖如此，我也不願輸給吉田、橋本他們，奮發圖

した。それでも吉田や、橋本らに負けじと頑張って運動にも首をつっ込み剣道、ボート、グランドホッケー、それに軍隊喇叭などと、あれこれと手をつけ、多忙な時を過ごしてしまいました。

強，埋首於運動，舉凡劍道、划船、棍球、軍樂隊等等，都插了一手，每天忙得昏天暗地。

私の進学について親たちは、将来の生活に役立つ医学方向にでも進んでくれるように期待したらしいのですが、文学希望の私は、勝手に文学系を目指して、勝手な受験準備をはじめていました。

關於我的升學，父母期待我讀醫科，以保障將來的生活。但志向文學的我，也不管父母的反對，擅自選擇文科，擅自準備考試。

(三)

私が進学した台北高等学校は、台湾にできた唯一の七年制高等学校（高等科三年、尋常科四年）でした。私は旧制高校に入ること、そして「学問ノ蘊奥ヲ極メ、国家枢要ノ人材」を養うという、勇ましい目標を掲げている帝国大学に入ることが夢で、そのかなわぬ希望にかけて、猛烈な受験勉強に身を入れることになりました。文科受験にも理数学科があるため代数、幾何の「考え方、解き方」の二冊をくりかえし書き写し、懸命の独学一本に、不眠不休の頑張りで、その間は好きな文学の方を止めにしました。どうやら合格、入学できたのは昭和六年、台北高校文科甲類でした。吉田は、家の転任で東京に移り、

第三章　不愛左翼文學的高校生

我考上的台北高等學校是台灣唯一的七年制高等學校（高等科三年、尋常科四年）。考入舊制高校，再考入揭櫫「窮學問之蘊奧，培育國家樞要之人材」的遠大目標的帝國大學，是我的夢想。爲了追逐那遙遠的夢，我投身於猛烈的升學準備。文科的考試科目也有理數科，因此把兩本代數、幾何的『想法解法』反復抄寫，拚命自學，不眠不休，把喜好的文學拋開。終於讓我考上了。昭和六年（一九三一）考上台北高校文科甲類。吉田君因父親調職東京，考入浦和高校理科，畢業於東京工業大學，任職於東芝系列的公司，一路飛黃騰達。

浦和高校の理科に入学、以後、東京工大を出て東芝系の会社に就職し、どんどん出世したわけです。

台北高校の文甲（文科甲類）は定員が四十名のうち、すでに尋常科から五名、原級留年が三人で、残りの三十二名に、浪人組や内地からの遠征者や、全台湾の中学校からの秀才連が席をうめました。その残りの穴に私が入れたわけで、全くやれやれということでした。

入試の面接試問の席で、臨席された下村湖人校長からのお尋ねに対して、自分は将来、英文科系に進むつもりで、すでに英語の本を多く読んでいたことを、得意気にしゃべったのです。その時先生から、どんな本を読んだのかとのお尋ねがあったのですが、メーテルリンクの『青い鳥』と答えますと、メーテルリンクは何国人

台北高校的文科甲類名額四十人，其中由尋常科直升五名，加上留級三名，其餘三十二名便由「浪人」（譯按：歷年沒考上的中學畢業生）及全台灣中學校的秀才們來競爭，僧多粥少，眞是拚得頭破血流。

入學考試的面試由下村湖人校長親自問話。我得意地說將來想進英文科系，而且已讀了不少英文書。校長問我讀了哪些書？我答道：「美德林庫的『青鳥』。」「美德林庫是哪國人？」校長再問。因爲我讀的是英文本，便回答道：「英國人。」當時我已讀了二十本用英文寫的世界文學全集，可是對這一

との再問がありました。それについて、英語で読んだのだから、イギリス人ですと言ってしまったわけです。私は、当時英語で書かれた世界文学全集を二十冊読んでいたのに、全く冷汗ものです。下村校長は、ちょっと苦笑されましたが、そんなことでも合格できたのはどういうことだったのでしょう。

校長先生は下村虎六郎といい、後の下村湖人(『次郎物語』で有名な)という文学者で、若き日「内田夕闇」という名で、「帝国文学」誌上トル有名な夏目漱石で知られた方です。

全国の旧制高校の校風は、白線二條の帽子と黒マントに象徴された自由、蛮(バン)カラ、ロマンチシズムにあふれており、それにあこがれて進学した私でありました。台北高校は全寮制ではありませんでしたが、そういう風潮の中心であっ

問，令我全身冒冷汗。下村校長聽了，稍稍苦笑一下。可是後來竟然給我上榜，到底是怎麼回事？

校長名叫下村虎六郎，是後來以筆名下村湖人聞名(代表作『次郎物語』)的文學家。年輕時，曾用「內田夕闇」之名，在『帝國文學』雜誌上獲得夏目漱石的賞識。

全國的舊制高校的校風，正如兩條白線的帽子及黑色披風所象徵的，充滿自由、奔放與浪漫主義。我爲了憧憬它，而拚死拚活考進來的。台北高校不是全部寄宿制，但我獲得機會住進了那時代風潮的中心——七星

た七星寮に入って生活することになったのです。

ちょうど前年昭和五年に、ストライキ騒ぎがありました。それは、台北高校の校風と、その経営振りを非とする、台湾総督府側の植民地支配への純情な反抗であったようで、前代、三沢校長から下村校長に続いた、当局の弾圧に対する爆発であったと思いましたが、それを不穏思想と、当局が恐れたとの噂があったのを、私は理解していませんでした。私どもは、ただ全国に流行していた旧制高校の伝統的風俗にならい、時々、集団ヒステリックなデカンショ節や、ノーエ節で街頭ストームをやっていたのでした。私が七星寮に入り、文芸図書委員に任ぜられ、入室した北寮一室は、ストライキの時の籠城の指企室であったと聞きました。なるほ

寮。

正好前一年的昭和五年，發生罷課學潮。那是台北高校的校風以及對台灣總督府的殖民地支配的純情反抗而已。只因總督府不滿學校的經營方式而連續對前任校長三澤及現任校長下村施加壓力才使學生爆發了不滿。傳聞當局恐懼學生有「不穩（造反）思想」，我實無法理解。我們只是沿襲全國流行的舊制高校的傳統風氣，偶而發生集團歇斯底里，在街頭狂歌狂飈而已。我住進七星寮之後，擔任文藝圖書委員。我所住的北寮第一室，聽說是鬧學潮的指揮室，果然地板上還留有鋼版印刷宣傳單的油漬；壁櫥裏還塞滿了許多未列入本寮藏書目錄中的左翼雜誌，如『文藝戰線』、『戰旗』、『文藝評論』

ど、部屋の床板にはアジビラを刷った時のガリ版のインクの跡がまだ生々しく、なお押入れの中には、寮の蔵書目録にも載っていない左翼誌、たとえば『文芸戦線』、『戦旗』、『文芸評論』など多数が山積みに残っていたのには驚きました。官憲に踏み込まれるのを皆が恐れるので、それらを他の文書類と一緒に、寮の中庭で何日もかかって焼却しました。左翼になじめない私一個人の判断でもありましたが、その後に思想関係の退学者が、三人程出たということで、或いは「アカ」の事実があったのかと思い当たったことでありました。

けれども、私はやはりロマンチスト、センチメンタリストでありました。その頃、台高の文芸部では、先輩には中村地平、浜田隼雄らがいて、『翔風』という全国的にもレベルの高

等，令我大吃一驚。大家害怕官憲進來搜查，便把這些雜誌和有關文件全部集中在庭院，連續燒了幾天。這舉動，也是由不習慣於左派的我獨自所下的決斷。但以後仍有三個人因思想問題而遭退學。或許眞有「赤色」的事實存在吧。

我仍然是個浪漫主義者、感傷主義者。那時台高文藝部有上級生中村地平、濱田隼雄等人，出刊了全國性高水準的『翔風』雜誌。但我對他們的小說創作或新詩並不很欣

い雑誌を出していましたが、私にはそこに出ている創作や、新しい詩群にはなじめませんでした。しかし「台高短歌会」という、三沢校長時代から続いた部活動には参加し、下村校長先生のご指導を受けました。その頃、台北には「あらたま」という結社があって、やはり「アララギ」流の勢力を持っていました。主宰者は桶詰医師で、台高生からも中尾徳蔵らが、同人格で関係していました。私には当時、北原白秋までの好みしかなかったので、私の出稿歌は、皆の評価を得なかったのは当然のことでした。たとえば、

「赤いランプ、赤いランプ灯をともせ、ランプ振り振り死んで行く姉」

という私の出稿歌が、私の欠席した歌会席で物議をかもし、それでも、このわけのわか

賞。所以我參加了自三澤校長時代就已成立的「台高短歌會」，接受下村校長的指導。那時台北有個歌會叫「あらたま」，是內地「アララギ」流派的勢力延長。主持人是桶詰醫師，台高學生中尾德藏等人也以同人資格參加。當時我的喜好僅止於北原白秋，當然我的習作歌不會獲得好評。譬如：

「紅色油燈　點上紅色油燈
油燈搖呀搖　阿姊將死去」

我這首短歌竟在我缺席的歌會上引起物議，可是不知何故卻得到高分，令我自得自滿。然而我對他們把日常生活歌批評為「徒言歌」而感到輕蔑，以後就遠離了這世界。

らない歌が高得点を得たという事を聞き、自ら満足したわけです。ところが私は、日常生活歌を「ただごと歌」と軽んじて、以後この世界からすっかり遠ざかっていきました。

その頃に、同じ文科生の黄得時が、『台高新聞』の部員で、私に何か書けと言ってきました。彼が優れた漢詩人であるのを感じていた私は、すぐに応じて『でぱあと開店』という感傷的な短編小説を書いて渡すと、それが掲載されました。ちょうど台北市栄町に全島初の「菊元百貨店」が創設されたのを見て、それがヒントになったわけでした。これは好評であったようで、以後黄君の注文のまま、たとえば文章以外に、教授達を漫画などに描いたのですが、やはり左翼的風刺ではありませんでした。

大約這時期，同是文科生的黃得時是『台高新聞』的部員，叫我寫稿。我感覺他是傑出的漢詩人，便答應他而寫了一篇感傷的短篇小說「百貨公司開店」，不久便刊登出來了。正好台北市榮町（譯按：今之衡陽路）開了一家全台灣第一家的「菊元百貨店」，我因此得到靈感而寫下這篇小說。刊出來之後，頗得好評。以後只要黃君叫我寫，我就寫。除了文章之外，我還把教授們畫成漫畫，但不同於左翼的諷刺畫。

『台高新聞』は、間もなく廃刊になりましたが、ちょうどストライキの直後の号に、この騒ぎの記事が少し出ていたのが、入学したばかりの私の目に入ったわけです。その中に台高をやめて内地に去った、林原耕三教授の短歌があり、それに「バカの住む台湾」を去るという言葉があり、大変なショックでありました。林原教授は、文芸部長として台高文芸部を高いレベルに育てた人で、夏目漱石の門人として有名な岡田耕三、その人でした。三沢校長らの庇護下の自由主義的感覚の人であったわけです。台湾を去る時、バカと怒った相手が、台湾に残っている同じ漱石山脈に連なる人達のことかといぶかしく思ったのですが、それはむしろ、台湾総督府のことを主に罵倒した言葉であろうと、後に思い至ったことで

『台高新聞』不久就停刊了。以前，學潮結束後刊出的那一期，刊載了許多有關學潮的記事。剛入學不久的我看到那一期的版面上登載了辭職台高而回內地的林原耕三教授的短歌。當中有一句意謂離開「傻瓜所住的台灣」而去的話，令我大受衝擊。林原教授是文藝部長，把台高文藝部培植到高水準的人。夏目漱石門人中有名的「岡田耕三」就是他。在三澤校長的庇護下提倡自由主義的人，竟然在離開台灣時罵人「傻瓜」，令我訝異，以爲他所罵的對象是留在台灣的漱石門派的其他人們。直到後來，我才想到他主要在痛罵台灣總督府呢。

した。

　こうして、いわゆる左翼ともならず、熱と意気の感激に生きる高校三年間を満足して送ったわけです。たとえば記念祭や、演劇祭には大いに力を入れました。第五回記念祭の寮歌祭のときには、寮歌募集に応じて作った『春月賦』に、理科生の松原宏が曲をつけたものが、全生徒の愛唱するところとなりました。演劇では、他の組がゴーリキーの『どん底』や、金子洋文の『洗濯屋と詩人』など左派の作品を上演した時に、私はヴィルドラックの『商船テナシチー』などをロマンチックに演出したのでした。

　寮生の皆は秀才ばかりで、本島人学生にも王江村、梁柄元、林維吾、黄彰輝などを記憶しています。梁柄元、黄彰輝は台南出身のク

　如是這般，我沒變成左派分子；我熱情地、意氣昂揚地、激情地渡過高校三年的生活，頗感自我滿足。紀念祭、演劇祭等活動，我都大力參加。第五屆紀念祭的寮歌祭時，我做了一首「春月賦」應徵，由理科生松原宏配曲，成了全校學生愛唱的寮歌。演劇祭時，別班演出高爾基的『困境』或金子洋文的『洗衣店與詩人』等左派作品，而我則浪漫地演出貝德拉克的『商船第那西斯』。

　寄宿生都是秀才，如本島人學生有王江村、梁柄元、林維吾、黃彰輝等人。梁、黃是台南出身的基督徒，是聖經讀書會的領

リスチャンで、聖書講読会のリーダーでした。黄は長老教会系の中学出で、後に東大、英国のケンブリッジなどを経て、帰台した後、台南長老教会の聖職者になっています。聖書を毎朝読んだ岩崎恭平は私と同室の理科学生ですが、天文学者で望遠鏡をもっており、毎日部屋の窓から太陽の黒点の移動を写生研究して、学界に報告していました。また、彼も演劇人で『リリオム』や『三文オペラ』を演出したのでした。同じ理乙の田村醒郎も映画、演劇関係の読書の知識も広く、犯罪学や猟奇心理学関係には深いものがあり、私がフロイトの全集を読んで、精神分析の分野に知識を広めたのも、その彼の影響を大きく受けたからでありました。

袖。黃彰輝畢業於長老教會的中學，其後就讀東京帝大、英國劍橋大學，返台後當了台南長老教會的牧師。每天早晨必讀聖經的岩崎恭平是與我同室的理科生，是天文學家，每天拿望遠鏡從窗口研究太陽的黑點的移動，然後向學界報告。他也是個演劇人，曾演出『力力奧姆』、『乞丐歌劇』。同屬理乙科的田村醒郎飽讀電影、戲劇書籍，同時對犯罪學與獵奇心理學造詣甚深。我愛讀佛洛伊德全集，廣泛吸收精神分析的知識，也是受了他的影響。

(四)

さて、昭和九年に私は台北帝大の文科に進学しました。日本文学科という名称はなくて、文学科国語国文学専攻というところに入ったのです。安藤正次先生が国語学の主任教授、植松安教授が国文学主任で、滝田貞治先生が助教授、福田良輔先生が助手でおられました。私は、近世文学の滝田先生に論文指導を受けることになりました。いろいろのわけがあって、現代文学を研究したい私は中村忠行、岩壺卓夫、新田淳等とは別に勉強することになったのです。それでも、学生は皆全ての先生の講義を受け、単位をとらなければなりませんでした。伊藤、今野先輩は藤村、泡鳴研究のためすでに滝田先生に

第四章　創辦《台大文學》

昭和九年（一九三四），我進了台北帝大的文科。沒有「日本文學科」的名稱，因而我是屬於「文學科國語國文學專攻」。安藤正次先生是國語學主任教授，植松安教授是國文學主任，瀧田貞治先生是副教授，福田良輔先生是助教。近世文學專家的瀧田先生擔任我的論文指導。由於種種原因，本想要研究現代文學的我，卻與中村忠行、岩壺卓天、新田淳等人分道揚鑣了。雖如此，學生們還是要選修所有老師的課，並取得學分。伊藤、今野兩學長已追隨瀧田先生研究藤村、泡鳴文學；我爲了要研究芥川龍之介，遂選了瀧田先生爲指導教授。

ついていたので、私も芥川龍之介を調べるために同じく、滝田先生につきました。

台高時代の同級生に植松一郎というのがおりました。彼は帝大の植松教授の子息で、すぐれた童話作家で、「赤い鳥」に載った作風を私は尊敬しておりました。彼は東大の教育学部に進学するため、東京に去ったのですが、この級友の縁で中村達は、台北帝大で植松教授につくようになったわけです。しかし、私は彼等と一緒に進まなかったためか、先生の覚えがめでたくなく、『源氏物語』の演習や、日記随筆研究の特殊講義などの点数も不良でした。たとえば、平安の随筆文学の講義を受けていながら、課題レポートに芥川竜之介の随筆をとりあげて書いたため、成業の見込みがないぞとの酷評をいただきましたので、卒論を近代文学で書くことをあき

台北高校時代的同班同學有一位叫植松一郎的。他是帝大植松教授的兒子，是傑出的童話作家。他發表於《赤鳥》的作品風格，令我傾倒。他因考上東大教育學部，遂離台上京了。中村等人因爲這同學的緣份，而得到植松教授的青睞。可是我沒有跟他們一起跟進，或許因爲這樣，老師對我印象不太好，『源氏物語』的演習(研討)課及日記隨筆研究的特殊講義課，我的成績都不好。比如講到平安朝的隨筆文學，報告習題我寫了芥川龍之介的隨筆，結果被老師酷評道「學業無成」，因此我就放棄了近代文學的畢業論文題目。另一原因是我選了瀧田先生的西鶴文學講座，似乎令他對我沒好感。

らめました。またもうひとつ、私が滝田先生の西鶴講座などに出席することにも、好感をお持ちにならないようでした。

当時の各大学では、国文科の卒論は「国文学」なので、現代の「日本文学」はあまり取り上げられず、近世文学でも西鶴などは殆どなかった時代でした。私は滝田先生のご指導により、西鶴の『浮世草紙』を面白く読み、これを近代小説のリアリズムに繋がり今に至る日本小説の伝統となるものと決めて、卒論のテーマとしました。「現代文学」や「西鶴」を嫌われる植松先生の御気にそわぬことを恐れ、卒論の題名には「西鶴」の文字を遠慮したのです。これらの事情については、滝田先生の同情もありました。当時の台北大研究室の西鶴資料関係の蔵書は、京都や京城大学よりずっと優れており、それに先生個人の

當時各大學的畢業論文都屬「國文學」，而現代的「日本文學」幾乎不受重視；且近世文學中，幾乎沒有西鶴的地位。我受到瀧田先生的指導，對西鶴的作品『浮世草紙』頗感興趣，發覺它連繫到近代小說的寫實主義，成爲今日日本小說的傳統，遂決定以此爲畢業論文的主題。但顧慮植松先生討厭「現代文學」與「西鶴」，所以我的論文題目也避開「西鶴」的字眼。想起這些事，不免對瀧田先生有所同情。當時台大研究室裡有關西鶴資料的藏書，都比京都大學、京城大學更豐富，加上瀧田先生的個人珍藏，都讓我自由使用，我便拚命用功讀書。

コレクションも合わせて、すべて利用することを許され、私の猛烈な読書が可能になりました。

この台北大の文科でもっとも誇るべきものは、日本文学とは別の英文科の教授の方々でした。特に矢野峰人、工藤好美の先生達に加えて、当時、東北帝大から来任されたばかりの若い、島田謹二講師の陣容は、日本文学界の明星でありました。矢野先生の英文学史、工藤先生の文学論、島田先生の文学概論を皆が拝聴し、それぞれのファンになりました。私は、島田先生の文学概論とフランス語に出席し、先生の博識と、いわゆる島田節の名調了に酔いしれたわけです。先生の発表された『海潮音研究』を読み、先生の学風がフランス派比較文学であることをはじめて知りました。また、日本に知られ

台北帝大文科中最値得驕傲的是英文科的教授。尤其是矢野峰人、工藤好美等人，再加上剛從東北帝大畢業而到任的島田謹二這位年輕講師，此一陣容也是日本文學界的明星。我曾拜聽矢野先生的英國文學史，工藤先生的文學論，島田先生的文學概論，都成為他們的崇拜者。我選修島田先生的文學概論與法文課，陶醉於先生的廣博知識與所謂「島田調」的特殊風采。拜讀先生的大作『海潮音研究』，始知先生的學風是屬於法國派的比較文學。當時先生在日本國內尚屬無名，而我們有幸最先聽他講課。

る事のなかった先生の講義をはじめて受けたのが、私達だったのです。

また、先生は市河十九のペンネームであの難解なマラルメの詩を、美しく訳されたものでした。矢野峰人先生も、ご自身象徴詩を発表なさいましたが、すべて文語体調律で訳されたローデンバッハの『墳墓』や、オマーカイヤームの『ルバイヤート』等の美事さは、何とも心温まる思いでした。その明治の「明星」派の世界の現出は、私の夢をゆり動かすのでした。鉄幹、上田敏、白秋、啄木、杢太郎などと、次々に私の詩に対する歓喜が広がっていきました。そして芥川の切支丹(キリシタン)ものから進んで、杢太郎や上田敏の南蛮物や、白秋の長崎バテレンものに使われた異国情緒あふれる切支丹語語彙の美しさは、私の詩心を捕えるのでした。

先生又以「市河十九」的筆名把難解的瑪拉魯妹的詩譯成很美的日文詩。矢野峰人本身除了創作象徵詩之外，也以文言體調律翻譯了羅顛巴哈的『墳墓』及奧馬凱耶姆的『魯拜雅特』，其文筆之美，令人感到溫馨；那呈現明治期「明星」派的世界，擴大了我的夢想。我對詩的興趣漸漸擴大到鐵幹、上田敏、白秋、啄木、杢太郎等人。由芥川的基督教作品進而杢太郎、上田敏的歐洲風物詩，再進而白秋的長崎基督風物詩，這些充滿異國情調的基督教語彙之美，捕捉了我的詩心。

私は、学校以外にも深く島田先生に接し、先生の自宅まで押しかけて、エドガ・A・ポーを読みふけり、泉鏡花などの江戸世界の解き明かしに、どっぷりつかりこむ事になります。私はこの心酔を、中村や岩壺らに語り、皆そろって先生のお宅にお邪魔をし、貞子大人の手料理までいただいて長時間を過ごす事にもなり、また引き止められるまま、私は宿泊までさせていただくことにもなったのです。

そのような時、西川満兄が東京から帰北したのです。西川は早稲田大学の佛仏科を卒業して、台北の『台湾日々新報』社の学芸部に籍を置き、台湾文壇に独走の活動を始めたのです。「媽祖祭」の限定本詩一巻を独力で出版し、初めてその中で台湾風土の情調を発表しました。この独特の詩には、全く私の魂が奪われる

除了學校之外，我也常去島田先生府上打擾。或陶醉於埃德加・愛倫坡的作品，或探究泉鏡花等人的江戶世界而忘寢廢食。我把這種「心醉」告訴了中村與岩壺等友人，他們也爭相去先生府上打擾，還吃了貞子師母的親手料理。有時談得太晚了，還留我夜宿呢。

大約這時節，西川滿兄從早稻田大學法國文學科畢業返回台北，任職於台北的《台灣日日新報》社的學藝部，開始從事台灣文壇的獨創性活動。《媽祖祭》限定本詩集一卷自費出版，首次發表了台灣風土情調的詩。這獨特的詩完全奪走了我的靈魂，衝擊之大，不可言喻。他返台之際，他的教授鼓勵

ような衝撃を受けました。彼は帰台の時、その師から南方の外地に浪漫世界を開拓せよ、そして台北にいる島田、矢野の両詩人教授に指導を得られるに違いないという激励と期待をかけられ、台北に帰った彼は、いち早く両先生にまみえることとなったわけです。そして、島田先生からは、フランスにおけるプロヴァンス地方文学の意味の如く、日本に於ける外地文学開祖になる事をすすめられたというのは、いつも西川が語るところであります。

西川はまた、「愛書会」を組織していました。山中樵図書館長をはじめとし、矢野、島田、滝田、その他神田喜一郎教授など台大読書人たちのグループを会員として、愛書趣味と学問との融合の新世界を組織したのです。こうして彼の才能は美装本、限定本等の独自の事業を育成、

他開拓南方日本「外地」的浪漫世界，並希望他在台北能得到島田、矢野兩詩人的指導。於是他返台不久就往訪兩先生。西川兄日後常提到，島田先生勸他做一個日本外地文學之開山祖，如同法國的普羅梵地方文學之存在意義。

西川滿又組織了「愛書會」，以總督府圖書館長山中樵爲首，包括矢野、島田、瀧田以及神田喜一郎教授等台大讀書人皆成爲會員，組成了融合愛書興趣與學問的新世界。如是，他的才能便向美裝本、限定本的獨創事業發展。

発展させたのでした。

私は、彼の詩は台湾風土のエキゾチズムの新世界であるとおおいに評価し、それに比べて、自分の持っている切支丹趣味が単に言語美にとらわれた遊戯に過ぎず、西川が同じ台湾育ちに芽生えを持つ本物であると感じました。彼の詩に生きて使われる台湾語の美の豊かさは、私の宗教の体験にもとづかぬ、切支丹詩語の集成詩などは、全く力の無いものだと気づかされました。「汝（リー）」、「我（ゴア）」といったカタコトの台湾語しか知らぬ私と、同じ台湾育ちでも、段違いの経験を積んだ西川とでは、その持つエキゾチズムの違いも知らず、また、その自覚も徹底していなかったのです。

西川は矢野、島田の両先生に近づき、自分の情調を外地文学確立へと求めたありさま

他的詩是台灣風土異國情調的新世界，我對他評價頗高，相較之下，我自己持有的基督教趣味不外是迷惑於語言美的遊戲而已。深深感到雖是同樣台灣生長的人，可是西川滿才是眞正生根於台灣的人。比起他的詩中所使用的台灣語文之豐富美麗，我的虛空的宗教體驗，基督教詩語的集成詩，是何等的無力呀。只知「汝」「我」等簡單台灣語的我，比起同樣台灣生長而累積了高段經驗的西川滿，既不知異國情調之不同，亦無徹底的自覺。

西川兄熱心地接近矢野、島田兩先生，積極向外地文學確立自己的情調，實在是英

は、実に美事というべきで、彼の作詩と、その出版に対する独自の活動は、我が台大派の文学陣を追い越していきました。西川はその出版物の中で矢野、島田先生についての親近の由来についての自己顕示の劇しさは、その両先生を独占しているようでした。私のように島田先生と、食事や宿泊を共にして、深く先生から愛されていると信じていた者には、この西川の宣伝に嫉妬をも抱かせたのです。

そこで、私は台大でもこの新勢力に抗する城を築くために、『早稲田文学』、『三田文学』に負けぬアカデミーの世界を造るべく、『台大文学』というのを、文科で発進することにしました。その資金は広く教育産業界や商店街に募り、学内では、幣原総長などにも趣旨を説き、支援を頼んで回りました。『台大文学』創刊号は、中村

明之至。他的詩作與獨自的出版活動，實已超越了我們台大派文學陣營。西川在他的出版物中常自我顯示與矢野、島田兩先生的親近關係，好像他已獨佔了兩位先生一樣。而我與島田先生同食同宿，自認爲深被先生所疼愛的人，難免對西川的宣傳產生嫉妒之情。

於是，我爲了抗拒這個新勢力，企圖在台大建造不輸於《早稻田文學》《三田文學》的學院派世界，遂於文科發起創刊《台大文學》的新城堡。其資金廣泛向教育產業與商店街募款，並向幣原總長陳述宗旨，請求支援。《台大文學》創刊號誕生了。中村忠行活用攝影技術，負責封面與裝幀；詩及短歌由我、

忠行がその写真技術を生かして、表紙その他のデザインを受持ち、詩や短歌などを私、秋月、新田などと安藤、島田、滝田の諸先生の論文を集め、また、黄得時の流麗な漢詩なども得ることができました。これらは、西川の「媽祖流」の勢いに対する自然反応行動で、以後、『台大文学』はアカデミックな大学雑誌として発展しました。

私も、詩作の世界から次第に文学史研究の世界に入りました。植松先生からは、近代文学ゆえに見離され、島田先生からは、私の芥川狂いを「龍之介もよいが、あれは結局はマイナーポエットと見るべきだよ」とのアドバイスがあり、芥川一本槍から離れて、西鶴以後の小説研究に入り、学問の自由というものを強く押し立てるようになりました。

秋月、新田負責；並取得安藤、島田、瀧田諸先生的論文，又獲得黃得時的流利的漢詩作品。這些都是針對西川滿的「媽祖流」勢力所產生的自然反應行動。從此，《台大文學》便發展成爲學院派的大學雜誌了。

而我也慢慢地從詩創作的世界進入文學史研究的世界了。既因近代文學而被植松先生拋棄，又被島田先生認爲我是芥川狂，勸我道：「龍之介雖然不錯，但畢竟是個短調詩人而已。」叫我不該專搞芥川，而應進入西鶴以後的小說研究。先生對我一再強調學問的自由。

昭和十二年の初めに私は、『台大文学』による文学講演会を西川の拠城、台湾日々新報社で開催し、我々の存在を宣伝したわけです。この時、私は講演の前座での演説で、前年の二・二六事件のことを、文化を破る暴力だと話したため、一人の憲兵が面接に来て二、三の質問を受けました。陸軍が自由思想を抑えようとする傾向について、日本全国での一種の反軍風潮が起こりはじめていた時で、憲兵の取り調べも控えめで、あまり恐怖は感じませんでした。

その年、私は台大での軍教の講義に出席不足であったため、その補講として、生家高雄に近い屏東の飛行八聯隊に、一週間の入営を命じられました。生まれて初めての飛行機搭乗は、ちょっと愉快ではありました。あの頃から日本軍は、太平洋作戦を計画していたのでしょう。台

昭和十二年初，《台大文學》舉辦了文學演講會。我故意把會場設在西川滿的據點台灣日日新報社，以便宣傳我們的存在。這時，由我擔任演講的引言。我因提到前年發生的二二六事件是破壞文化的暴力行為，事後便有一個憲兵來找我，問了兩三個問題。因為這時候日本全國對於陸軍鎮壓自由思想的傾向引起反軍風潮，所以憲兵的詢問也不敢太露骨，故不覺得恐怖。

這一年，因我在台大的軍訓課缺席過多而被命令到屏東的飛行第八聯隊入營一星期，以補修學分。生平第一次坐飛機，倒覺得很愉快。從那時起，日本軍大概就計畫太平洋作戰吧。雖然從台灣南部攻擊菲律賓是六年後的事，但從這一年以後的青年們都被

湾南部からのフィリピン攻撃は、それから六年後に行われたわけですが、それはずっと後の若者達が、行動させられたのです。

しかし、昭和十二年の七月に日中戦争が起こり、教師になりたての私にも、まじめな愛国思想がおきたのも当然のことでした。そして、「支那」と戦争するため、台南から多くの兵士が動員されて行きました。台湾人の若者達も「誉れの軍夫」として従軍して行くのを、私は二高女生達を連れて、夜の台南駅に見送りに行きました。あの時の興奮は忘れることはできません。台湾人も皆、「日本人」なのだ、台湾人と「支那人」は、別の人間なのだと思ったのでした。

動員去戰場了。

然則昭和十二年七月發生的中日戰爭時，剛剛當了教師的我，興起認眞的愛國思想，也是理所當然的。爲了與「支那」打仗，從台南動員了很多士兵。年輕的台灣人也做爲「榮譽軍夫」而從軍，我帶著二高女生夜間到台南車站送行。那時的興奮心情，終生難忘。我認爲台灣人也是「日本人」，而不同於「支那人」呢。

(五)

昭和十二年四月、台大を卒業した私は、実家の高雄に近いということで、台南第二高等女学校へ教師として赴任しました。台南は、高雄よりは大きな町で、台湾の歴史的な故都でありました。町には一中、二中、一女、二女、師範、後に高工が創られたほどの発展した町でした。台南一高女は内地人の子女、二高女には本島人の生徒がほとんどで、内地人もわずかばかり混じって収容されていました。その当時、台南一高女に、浜田隼雄さんが国語科の教師として赴任しておられましたが、間もなく台北一高女に転勤移動され、その後四年たって、私も台北に転じ、浜田さんと同僚となったわけです。

第五章　難忘的古都生活

昭和十二年（一九三七）四月台大畢業之後，因家在高雄，便任職於靠近高雄的台南第二高等女學校。台南市街比高雄大，且是台灣歷史的古都。市中有一中、二中、一女、二女、師範，後來又創設了高工。台南第一高女是內地人的子女，第二高女則幾乎全是本島人學生，內地人極少。當時，台南第一高女有濱田隼雄擔任國語科教師，但不久就被調職台北第一高女。而四年後，我也調到台北，與濱田成了同事。

本島人生徒がほとんどの二高女での、つまり台南での生活は、私にとって一生忘れえぬ幸福な人生の時でありました。台湾っ子として生まれながら本当の台湾を知らぬ私が、目ざめたのは、土地の上流をはじめとして、すべての人達との交流から多くの事を得たことです。私の日本人としての二世意識が、無意識の「台湾人」に変わっていたわけです。

まず、台南の歴史研究の実態が深まりました。たとえば、日本人となっている本島人の真実は何であるか、その心情が私の身心にも滲み込んでしまったのです。

古都、台南は高雄に比べると古い支那風の建築に囲まれた町で、その中に内地人が居住している点が、高雄の風景とも異なっています。私は、多くの生徒への愛情とともに、台南市内や

在第二高女任教期間的台南的生活，是我一生當中最難忘的幸福人生的時光。做爲台灣之子而誕生的我並不知道眞正的台灣。幸虧得與當地的上流人士以及各界人士的交往，才使我有所覺醒。我原先做爲日本人第二代的意識，無形中卻變成「台灣人」了。

首先，我用心研究台南的歷史實態。比如成了日本人的本島人的眞相如何，實地研究之下，他們的心情深深滲進我的身心。

古都台南比高雄有更多古老的中國式建築物。被這些建物圍繞的市街中，內地人和本島人生活在一起。這一點和高雄的情景大爲不同。我甚喜愛我的學生，同時對台南市

安平の町の人たちへ対して、深い愛着を持つようになり、あちこちの街巷を尋ね歩くことを喜びとする日々を送るようになりました。安平の町の赤嵌城趾や、台南市内の赤嵌楼に佇んでは、オランダ時代や鄭成功の史実が大きなロマンとなったものです。

台南は明朝遺臣鄭成功が、清朝に追われて、中国アモイから移り住んで死んだ所です。鄭成功は、長崎で日本人田川某の娘と、明朝の重臣鄭芝竜との間に生まれ、日本名を田川福松と呼ばれていました。父と共に明国に帰り、父子で明王に仕えたのですが、後に清朝に追われて、厦門から澎湖を経て、台南のオランダ城を破り、台湾府を置き、明王の朱姓を賜り、国姓爺と称せられました。日本の文学演劇史では『国姓爺合戦』として親しまれました。

內或安平街的人們，也頗喜愛。尋訪街頭巷尾，過著日日歡欣的生活。佇立於安平古堡或台南赤嵌樓，荷蘭時代及鄭成功時代的史實，展現無限的浪漫。

台南是明朝遺臣鄭成功被清軍趕出中國廈門而移住、葬身之處。明朝重臣鄭芝龍與日本人田川氏女所生於長崎的鄭成功，日本名叫田川福松。後來父子回歸明朝，仕於明王，但被清軍追趕，從廈門經澎湖，攻略荷蘭城，設台灣府。拜賜明王朱姓，世稱國姓爺。日本的文學演劇史上有名的『國姓爺合戰』，膾炙人口。

　また、同じ長崎で、長崎商館のオランダ人と長崎筑後町の小柳理衛門の娘との間に生まれた「じゃがたらお春」は、南蛮人との混血児ゆえに父の国、南蛮じゃがたらに追放されるわけですが、その時、その航路途中に立ち寄るのが、安平のオランダ城であったであろうというのが、私の夢になりました。そして、浜田弥兵衛（ヤヒョウエ）がオランダ館になぐり込んだ話や、ピエール・ロティが長崎に行く道中、澎湖島の馬公に立ち寄った話などを知り、ますます台南の歴史に引かれていきました。

　延平郡王祠といわれた鄭成功の祭祠場が、日本時代になって開山神社として崇拝されていましたが、もう一つ、台南神社といって、台南で没した北白川能久親王をまつる神社がありました。この征台之役に、軍医として従軍した森鷗

　另有一人，同樣生於長崎的「爪哇阿春」，父親是長崎商館的荷蘭人，母親是長崎筑後町的小柳理衛門的女兒。只因爲她是南蠻人（荷蘭人）的混血兒，便被幕府趕出長崎，返回父親的國度南蠻爪哇島。航行途中曾一度登岸歇腳，那地方大概就是安平的荷蘭城吧。這令人遐想無窮。還有濱田彌兵衛衝入荷蘭館大發雄威的故事；比耶魯・羅帝赴長崎途中，也在澎湖馬公停留。當我知道這些事蹟之後，益加令我對台南的歷史發生興趣。

　祭祀鄭成功的延平郡王祠於日本時代改爲開山神社而祭拜。還有一個台南神社，是祭拜歿於台南的北白川能久親王的神社。此征台之役，從軍醫官森鷗外寫下詳細史實，題曰『能久親王事蹟』。北部的台北人祀拜台

外が、その詳しい史実を「能久親王事跡」として残したものを見て、その遺跡の台南神社を、台南人は北の台北人が台湾神社としてまつってい るのとは違った気持ちで崇めるのでした。この二つの神社に、我が二高女は月例参拝の行事を厚く行うのには、特別に深い印象がありました。そして、公的な学校行事とは別に、この神達に長く奉仕を続けている、ある生徒の家の存在も知って、一種の感慨を抱いたのでした。

台南の町を、何かを求めて徘徊するようになったのは、佐藤春夫の『女誡扇綺譚』に出会ってからです。この作品は台南取材して書かれたフィクションでありますが、台南の古い町並みのどこかに、あの夢綺談があるような気にとらわれたものです。それで、女生徒の幾人かに通訳として助けてもらって、いろいろな街巷や、廃

灣神社，台南人卻以另一種心情祀拜台南神社。我們第二高女每月例行要到這兩個神社去參拜，所以印象特別深刻。除了學校的例行公事之外，竟有學生的家庭長久持續奉拜這兩尊神，令我感慨之至。

我愛徘徊於台南古街道而尋求什麼東西，實始於邂逅佐藤春夫的『女誡扇綺譚』之後。這部作品是取材於台南的虛構故事，但總覺得台南的老巷中真有這種夢幻般的綺談。於是請幾位女生當翻譯，陪我探訪老巷與廢屋。我也曾嚮導西川滿探訪古都，烙下他的台灣趣味。

屋を探索して歩き回りました。この頃、西川満を案内して、かれの台湾趣味を焚きつけたのを思い出します。

台北で西川満が詩から小説を書くようになった頃、私はこの台南の風物歴史を見せて、『文芸台湾』の存在を広く伸ばそうと考えて、台南の地に来遊をすすめました。そうして西川満、島田謹二先生、立石鉄臣などが呼び掛けに応じて台南にやって来ました。西川は途中、斗六街の貴公子鄭津染の家に立ち寄り、鄭の書斎「聴雨山房」を訪れて、南下しました。私は台南や、安平の町をいろいろと案内しました。これは確か昭和十四年一月の事と記憶します。西川の『雲林記』や『赤嵌(セキカン)記』などの傑作が、この時の取材によるものです。島田先生は、安平などを御覧になりました。『華麗島文学誌』などの一部に

那時在台北的西川滿剛由詩作轉入寫小說的階段，我爲了讓他看看台南的風物，並爲廣泛宣傳《文藝台灣》的存在，便勸他來台南一遊。於是，西川滿、島田謹二先生、立石鐵臣等人應我的邀請來到台南。西川於途中折進斗六街的貴公子鄭津梁家，訪問鄭的書齋「聽雨山房」，而後再南下。我招待一行人訪問台南及安平古街。記得那是昭和十四年（一九三九）一月之事。西川滿的『雲林記』、『赤嵌記』等傑作就是這時取材的。島田先生也因爲看了安平，才把它寫入『華麗島文學誌』的一部分吧。西川滿走訪了天后宮、陳氏家廟、米街、赤嵌樓、摸乳巷等大街小

取り入れられたことでしょう。西川は、台南の市内諸所を歩き天后宫や、陳氏家廟の寺廟や、台町米街（ビーケー）、赤嵌楼（セキカンロウ）、摸乳巷（モニュウハン）、などの街巷、露地をすっかり愛好したようです。

　画家、立石鉄臣は、台南の新婚間もない私宅にもきており、その時の来訪談の記事を『文芸台湾』に書いています。立石は、西川の『林本源庭園賦』の挿絵をずっと描き続けることになっていました。

　また、その頃に庄司総一の『陳夫人』が発表されました。庄司は台南出身の人で、この作品は台南の富豪、陳家の長男陳清文が東京の名門大学を卒業、高等文官試験に合格し、有望な将来を持つ彼が、内地人安子を妻として台南に帰って来る所から話が始まるのです。安子は、大家族の上流家庭である陳家に入り、その中で風俗

巷，便完全迷醉於其中了。

　畫家立石鐵臣也來訪我剛新婚不久的台南住家。後來他寫了一篇台南遊記刊於《文藝台灣》。立石以後還爲西川的『林本源庭園賦』畫插圖。

　這前後，庄司總一發表了『陳夫人』。庄司出身於台南，這作品的開頭是寫台南富翁陳家的長子陳清文畢業於東京的名門大學，高等文官考試及格，前途光明的他娶了內地女子安子爲妻，回到台南。以下的情節便是描寫安子進了上流社會大家族的陳家之後，由於風俗習慣之不同，苦惱於煩雜的人際關

習慣の違いや、人間関係の煩労に悩み苦しんでいく筋で、陳夫人安子が出会った、異様な台湾風俗の数々を丹念に観察しているのです。この作品に現れる內地人安子の目に写るのが日本人を代表するものといえるので、この中の登場人物は、明らかな日本名で出てきません。同じ基督教徒である夫婦が、台湾の古い習俗を打ち破って新しい世界を創造しようとする、波乱の悲劇でありますが、私は庄司の描く台南の土地が、自分の呼吸との密着感が強くなり、私が生徒たちの家庭風俗を理解する大きな手がかりとなりました。

台南市内の中央に彼の実家、庄司医院は実在し、その弟で、台北高校生が私宅にやってきて、台高生の昔話を取材していました。また王育霖、王育徳の兄弟が来ました。兄の育霖は台

係。本篇作品透過陳夫人安子的眼光，深入觀察台灣風俗的種種異樣。呈現於作品中是映照於內地人安子眼中的代表日本人的東西，其中登場人物，並未以明顯的日本名出現。這一對基督教徒夫婦為了要打破台灣的舊習俗而創造新世界，歷經大風大浪的悲劇。庄司所描寫的台南這塊土地，跟我自己的呼吸強烈密接起來，也成為我要理解學生家庭風俗的好指南。

庄司的家——庄司醫院在台南市的中央區。他的弟弟是台北高校學生，曾來我家採訪關於台北高校生的往事。還有王育霖、王育德兄弟也曾來過。當時哥哥育霖自台北高

高卒の東大法科生、弟の育徳は台高文科生です。文学の話のために来訪したのではなく、兄の縁談の相談のためでした。相手の女性というのが二高女の卒業生でした。話がうまくまとまり、「訂盟」といって祝い菓子をいただきました。育霖はずっと後の二・二八事件の時に、外省人の憾みをかって殺害されるわけですが、そんな不幸になることを知らずに、私は「訂盟」という小説を書いたのでした。

高校生といえば、これより前から邱永漢(邱炳南)が文学の談義のため、足しげく私の家に来るようになりました。やはり、台南名家の子息で、小学校から台北高校尋常科に入った秀才です。彼は西川満の詩を熟読し、同じ西川派の私の元に来て、多くの自作の詩を見せます。ついには、西川の美装本をまねた手作りの本を持っ

校畢業後就讀於東大法學科，弟弟育德爲台北高校文科學生。他倆不是來談文學，而是來商量哥哥的婚事的。對象是第二高女的畢業生。結果進行順利，「訂盟」時特地送來禮餅。戰後台灣發生二二八事件時，育霖因得罪外省人而被殺害。我不知有此大不幸之事，還寫了一篇「訂盟」的喜慶小說呢。

提起高校生，早前就有一位邱永漢(邱炳南)常來我家談論文學。他也是台南望族的子弟，從小學校考入台北高校尋常科的秀才。他熱愛西川滿的詩，便來訪同屬西川派的我，拿了很多他自作的詩給我看。由於敬愛西川的詩才，竟也模仿西川的美裝本，拿了一本他自己的手造本來給我看。

て来て見せるのでした。そして、西川の詩才を敬愛したものでした。

姉、邱氏素娥は、台南一高女から日本女子大を卒業して帰台し、当時就職待ちの身でしたが、その才媛ぶりには恐れ入りました。同じく弟の耕南、妹の孝子のすべてが優秀な頭脳の持ち主であることがわかりました。私は、台湾人である素娥さんを二高女の教師に是非とも迎えたいものだと考えて、西村寛司校長に説いて、当局の採用を願ったのですが、なぜかこの件は立ち消えになりました。その理由はとうとうわからずじまいで残念に思ったことでした。この時、彼の家に行ってはじめて、邱君たちの母親が日本人で、非常に賢夫人でもあることを知ったのです。そして、内台婚による生育が何故か優良児を生むことなのだと痛感し、またこの一

邱君的姊姊叫邱氏素娥，從台南第一高女考入日本女子大學，畢業返台之後，成為待職之身。其才華之高，令人拜服。邱君之弟名耕南，又一妹叫孝子，各個頭腦優秀。我眞希望台灣人的素娥能來第二高女任教，便努力遊說西村寛司校長，請求當局採用她。但不知何故，此件人事突然消聲匿跡。連理由都不知道就告結束，甚覺遺憾。這時第一次去邱君的家，才知道他母親是日本人，非常賢慧。深深感受到內台人結婚所生育的孩子不知何故都是優秀兒女。我對這一家人大加尊敬與關懷。

族に大いなる敬意と関心を持ったものでした。

　素娥さんの一件から間もなく一人の本島人の女教師許氏春菊が、奈良女高師卒で新採用されました。彼女は二高女卒業の才媛で、理科の担当になったのですが、風貌容姿も品格があり、生徒達の先輩でもありましたからたちまち彼女達から多くの人気を得ました。私もこの人に満足して親しくなりました。ある時、彼女から縁談が起こったことを告げられ、その相手が台高卒業であり、その名が梁炳元であると聞かされ、驚きました。私と同じく台高の七星寮にいた、あのまじめで物静かな基督教徒であったからです。梁君は、満州医大に進んでいたのです。そして春菊さんはめでたく梁君の元へ嫁いでいきましたが、太平洋戦争で敗北した満州から苦労して帰台したようでした。その後、いろ

　素娥小姐人事被擱置之後，新聘任的教師是一位本島人女教師，叫許氏春菊，畢業於奈良女子高等師範。她是第二高女畢業的高才生，擔任理科教學。風貌容姿品格兼備，也是學生們的學長，所以一下子就受到衆人愛戴。我也跟她走得很親近。有一天，她告訴我有人提親，對象是台北高校畢業的梁炳元。我乍聽之下，大吃一驚。不就是與我同宿於台北高校七星寮的那位認眞寡言的基督徒嗎?梁君後來考入滿洲醫大。我深慶春菊小姐嫁給梁君。聽說後來太平洋戰爭結束後，從滿洲吃盡苦頭回到台灣，歷經滄桑，最後進入政治界，成爲衆望所歸的台灣立法院議員梁春菊女士。

いろあって春菊さんは政治界に進出し、衆望を得て台湾立法院の議員、梁春菊女史となったのであります。

当時、台南一高女には浜田隼雄、国分直一(二人とも台高の先輩)、台南一中には前島信次(台北帝大副手から転任)と私らが、『台南新報』の文化面の担当記者の岸東人氏の後援を得た教師として、それぞれ台湾風土の研究を発表し、名を知られるようになっていました。私は佐藤春夫の作品に心酔して、台南調査探査に明け暮れ、『陳夫人』の舞台に生きました。台北の西川満の活動も勢力を振っていて、台湾島内の文学活動は活気を増していきました。台中の「台湾新報社」には田中保男記者がいて、内台文学人に助力の手を延ばし、私達台南組にも何かと誘いを受け、同地の張星健の「台湾芸術」の興隆を

當時台南第一高女的濱田隼雄、國分直一(兩人都是我台高時代的學長),台南一中的前島信次(台北帝大助教轉任)和我這些人,都受到《台南新報》文化版記者岸東人氏的支持,各個發表台灣風土研究的成果,文名大噪。我醉心於佐藤春夫的作品,熱衷於台南田野調查,生活於『陳夫人』的舞台。台北的西川滿加強其勢力,增添台灣文壇的活力。台中則有《台灣新聞社》記者田中保男,向內・台文學家伸出援手。我們台南幫也曾受到邀請,前往台中助陣,協助張星健的《台灣藝術》之興隆(譯按:張星創健創辦《台灣文藝》於台中,黃宗葵創辦《台灣藝術》於台北。作者記憶模糊,

も助けて力を注いだようでした。西川の「文芸台湾」に対抗して出現した「台湾文学」では、張文環を主として多くの台湾人作家が活動しはじめました。黄得時も「台湾新民報」に籍を移し、評論界で活動しました。これらの作家は日本語を主としていた作品の中で、次第に台湾風俗世界や思想の描写が興り、戦時下の台湾に新しい言論文化が開花しました。

西川の趣味は強く、その台北地域の発見はますます異国情緒を華麗に主張しました。彼の世界は池田敏雄の民族研究への展開をも促し、『民族台湾』の発刊にも繫がります。「文芸台湾」から分かれた彼等の風潮は私にも刺激を与え、私の詩風にも変化をもたらしたことは事実です。しかし、西川の浪漫手法や、池田の民俗世界の反応とは、私のそれとも似ていながら

不分彼此）。另有對抗於西川滿的《文藝台灣》而出現的《台灣文學》，以張文環爲中心，許多台灣人作家展開活動。黃得時轉任於《台灣新民報》，活躍於評論界。大凡這些作家都以日文寫作，於其作品中逐漸興起描寫台灣風俗世界與思想，於戰時的台灣綻放新的言論文化之花朵。

台北文壇的西川滿趣味愈來愈濃，華麗的異國情調世界，不僅誘發了池田敏雄對民俗的研究，也激勵《民俗台灣》的創刊。從《文藝台灣》分枝出來的他們的風潮，刺激了我，造成我的詩風之變化，這是事實。但我與西川的浪漫手法及池田的民俗世界之反映，表面看來很類似，其實完全不同。我的世界的底層實態完全不同。西川後來乘勢猛

全く同じではなく、私の世界はその根底の実態が違っています。西川が後に皇民化運動に加勢猛進して、多くの友人作家を引き込んだ情勢の時代分析は、もっと考え直すべきだと思います。皇民化は台湾人を日本人に変えようとする政治教化体制であったと想像します。そして、それはある程度成功したと思いますが、台湾で生まれ育った内地人、ことに私のような本島人教育に生きた存在には、本島人側では内地人化するつもりであったのが、内地人少年が無意識のうちに台湾人化していったのではないかと、今日になって思うのです。私の作品『城門』『盛り場にて』『砂塵』などの台湾風景は、単に「皇民化」を主題としているものではないと思います。成長した台湾二世の心情的台湾化の生んだものです。

進於皇民化運動，把許多友人作家都拉了進去。我認爲他的時代分析應重新考量。吾人不難想像所謂皇民化是把台灣人變成日本人的政治教化體制。如今看來，它有某些程度的成功，但對於生於台灣長於台灣的內地人而言，尤其像我這種生長於本島人教育的人而言，與其說本島人方面自以爲內地人化，勿寧說內地人少年無意識中已台灣人化了。我的作品如「城門」、「在沙加利巴（盛場）」、「砂塵」所呈現的台南風景，我不認爲僅僅是以「皇民化」爲主題的作品。其實是生長於台灣的第二代的心情已台灣化所產生的東西。

台南二高女の校長の西村寛司先生は香川県高松の人で、高松中学校では菊池寛と同窓生であったとよく話を聞いていました。昭和十五年（紀元二千六百年）に、菊池寛が吉川英治等と文芸講演のため台南に来た時、私は我が二高女で全生徒のために講演を依頼したのですが、私が使者を命ぜられ、ホテルまで彼等を出迎えに行きました。その時、西村校長の母堂が菊池氏のことを、少年時代の呼び名で「ユタカ」と言われましたので、私は「キクチ　カン」は「キクチ　ユタカ」というのだなと覚えたのですが、菊池伝に関する本のどれにもこのことが書かれていないので、今でも不思議に思います。この時のことが私の短編小説、『日本の手、日本の足』となりました。またこの時期に、『じゃがたらお春』という幻想劇の脚本を書きました。これは引き

台南第二高女校長西村寛司先生，是香川縣高松人。常聽他說菊池寛是他高松中學校的同學。昭和十五年（紀元二千六百年），菊池寛與吉川英治等人到台南來做文藝演講。我要求請他倆來第二高女向全校學生演講。於是校長命我爲使者，前往旅館迎接。那時西村校長的母親叫菊池寛的幼名爲「ユタカ」，我才知道「菊池寛」不該叫做「キクチカン」，而該叫做「キクチ ユタカ」。有關菊池寛傳記的任何書中，都沒有記載此事（譯按：當指蒞台南第二高女演講之事），迄今仍覺奇怪。我曾把這件事寫成短篇小說，題爲「日本的手、日本的腳」。同此時期，我也寫了一部幻想劇的劇本，題爲『爪哇阿春』。戰後返回日本，在我第一所任教的女學校也上演此劇過。

あげ後、初めて勤務した女学校でも上演したものです。

昭和十三年一月私は結婚しました。妻は高雄高女から、東京共立女専（現在の共立女子大学）を卒業して、高雄の松原家に帰っていたところでした。高雄神社で挙式いたしました。彼女が共立を卒業したのは私と同じ、昭和十二年で、昭和十一年の二・二六事件を学校の寄宿舎の二階から見ていたと本人から聞かされました。

この時期の重要事件は、私にとっての恩人である岸東人が、一人息子（台南一中生）を遺して亡くなったことです。四十五歳といいますから、西川満よりずっと上の文人です。私に、「あなたは結婚と、喫煙を体得するともっと成長しますよ」と言って、ルデ・バーレーの『マイレディ・ニコチン』（我がニコチン夫人）という小説を読

昭和十三年一月，我結婚了。妻子是從高雄高女考入東京共立女專（現在的共立女子大學），畢業後剛回高雄的松原家不久就與我結婚的。我們在高雄神社舉行婚禮。她畢業於共立是昭和十二年，同年我也畢業於台大。所以她說昭和十一年的二二六事件發生時，從學校宿舍的二樓看到了現場。

台南時代的重大事件是我的恩人岸東人留下獨子（台南一中學生）而去世了。時年四十五歲，比西川滿更年長的文人。他曾勸我道：「你若結婚並學會抽煙的話，就更成熟了。」他的意思是叫我看巴雷的小說『我的尼古丁夫人』；又叫我看英譯本的『支那歷史談』，始知那是『封神演義』，對我的台南探

むことを助言されました。また英訳の『支那の歴史談』を読んで、はじめてそれが『封神演議』であることを知り、私の台南探索の助けとなりました。その本の著者の名をワーナーかウォーナーかの読み方も岸氏からアドバイスがあったことが思い出されます。

一人息子の萬里君は孤児となりましたが、高雄商業学校の河合校長が東人氏の友人(早稲田の同窓?)であったため、萬里君は高雄の河合校長の元に引きとられ、学寮に入ったのです。しかし、間もなく河合校長は台北高商の教授に転じたので、萬里君は高雄から台北に移って高商に入学しました。そして、終戦まで新垣の家から通学することになり、引き揚げと同時に縁あって島根県松江市に居住し、輝かしい事業を切り開いて現在に至っております。

索助益頗大。而此書的作者名的正確讀法，也是岸氏教我的。

其獨子萬里君成爲孤兒，幸得東人之友人即高雄商業學校河合校長之助，把他接到高雄的河合校長身邊，並讓他住進學寮。不久，河合校長轉任台北高商教授，萬里君也從高雄搬到台北，入學於台北高商。到終戰爲止，他從我家通學。戰後返日，有緣住於島根縣松江市，開創了輝煌事業以至今日。

台南では一中の前島信次氏が東京に帰り、浜田隼雄は、松井校長に連られて台北一高女に赴任し、私はその後を追って同校に転ずることになり、台南を去りました。生徒たちに慕われていた筈の私でしたが、その事や対台湾人一般への傾き工合は、同僚の教師たちの好感を得ていなかったらしく、『第二世の文学』という短い随想文を新聞に発表すると、急に反感を買いました。そのため、愛着のある台南で暮らし続ける気分をすっかり失くしてしまったところ、台北の母校関係者の斡旋によって、浜田のいる台北一高女に転任したわけです。西村校長は私を愛して下さって、それまでの安住の心を育ててくださった方でしたが……。それが昭和十六年の四月でした。

台南一中的前島信次返回東京。濱田隼雄被松井校長帶到台北第一高女，我也追隨其後轉調同校。我之所以離開台南，是因受學生歡迎，加上我的心向台灣人，造成同事們對我不懷好感；我寫了一篇短短的隨筆，題爲「第二代的文學」發表於報上，造成同事極大反感，頓時使我失去繼續在心愛的台南生活的氣氛。正好台北的母校關係人替我斡旋，讓我轉任於濱田任教的台北第一高女。西村校長一向疼我，培育了我安住於台南的心，奈何奈何……那是昭和十六年四月之事。

㈥

そして、その十二月に太平洋戦争が開かれ、戦局が激しくなるにつれ、全国民の戦時生活態勢が一変しました。いわゆる大政翼賛会が全国民をもひきこみ、日本の文壇もまともに時勢受けて大波に流され、台湾では皇民奉公会が創られ、すべての作家たちが、その翼下に従ったのです。

この時、台湾文壇のリーダーにまでなっていた西川満が、その総指揮者となりました。これは総督府、情報部からの指令があったものと思いますが、西川の積極的な活動は後に批判されました。私には、当時『文芸台湾』同人一同を担っていた彼の立場は、よく理解すべきであった

第六章　戰時中的「北一女」時代

這一年十二月，太平洋戰爭爆發。隨着戰局之劇烈，全國民一變而成爲戰時生活態勢。大政翼贊會蓆捲全國民，日本文壇也正面受其沖擊而被大浪捲走。在台灣，則有皇民奉公會之成立，所有作家皆服從於翼下。

這時，成爲台灣文壇領袖的西川滿，便當了總指揮者。當然可以想像那是來自總督府情報部的指令，但西川的積極活動後來卻受到批判。當時一手擔負同人雜誌《文藝台灣》的他的立場，我完全可以理解，只是他的行動太過於激烈了。我也有發自內心的

と思いますが、西川の活動はあまりにも激しいものでした。私も自らの心に湧き上がってくる「愛国魂」は、西川の洗脳を受けたものではなかったと、今は思うのです。

西川は、皇民奉公会と作家とを結び付ける働きの結果、矢野峰人教授を、文学奉公会を組織して文学、演劇などの部門へと広めるのに力を発揮したのです。戦勝祈願の台湾神社参拝の時、神社鳥居の下に文学奉公会一同が、矢野先生を中心に並んでいる写真が残っていますが、団隊旗を手に抱いた西川の姿がそこにあったと思います。

一高女に移ってからの私の生活は、台南時代とは変わらざるを得ませんでした。浜田隼雄、高田登代子らと等しく、愛国精神教育に駆り立てられたのです。国語教師として、『愛国百人

「愛國魂」，如今我仍不認爲是受西川的洗腦而產生的。

西川奔走於皇民奉公會與作家之間，結果把矢野峰人教授抬出來，組織了文學奉公會，發揮力量擴充到文學、演劇等部門。參拜台灣神社祈禱勝戰時，文學奉公會員全體在神社的「鳥居」(類似拱門)下，以矢野先生爲中心拍攝的照片，現還留在我手邊。裏面就有抱著團隊旗的西川滿的姿影。

來到台北第一高女之後，我的生活與台南時代大爲不同。我與濱田隼雄、高田登代子等人一樣地，被驅趕於愛國精神教育。做爲國文教師，從事『愛國百人一首』的研究及

一首』の研究解説のつとめが日常化し、高田登代子先生は、女子挺身隊をひきいて高雄に出来た海軍の施設に赴きました。私は以前、基隆のドックに派遣され、そこで働く少年隊の生活を報導小説化し、その小説を海軍武官府に提出したのですが、中曽根康弘という海軍の将校から、随分読後の注意を受けました。私は、その時も左翼ではないと言う事を強く弁解をしたものでした。その中曽根大尉が、当時海軍の高雄の施設長として在任していたとは、不思議な縁というものでしょうか。またその時に、高田先生にひきいられて行った一高女の隊員の坂井翠さんが、そこで海軍将校、山岸氏に認められて結婚し、山岸翠さんとなったというエピソードもうまれました。

西川満の活動は、戦意高揚の大会を台北公会

解說變成日常之事。高田登代子老師率領女子挺身隊前往高雄海軍基地勞軍。我被派往基隆造船廠取材，把在那兒勞動的少年隊生活寫成報導小說，交給海軍武官府。有一位名叫中曾根康弘的海軍軍官讀後，頗為不滿，訓了我一頓。我強烈辯解自己不是左翼分子。當時，中曾根大尉是任職於高雄海軍基地的施設課長，眞是不可思議的緣份。（譯按：作者於昭和五十八年十一月三日獲日本天皇頒授四等瑞寶章，而此時的內閣總理大臣就是中曾根康弘首相。）又有一插曲：高田老師率領的北一女隊員中，有一女生叫坂井翠，被海軍軍官山岸氏看上，後來結婚了，成為山岸翠女士。

西川滿在台北公會堂舉辦大型的戰意高揚大會，我校北一女的合唱隊參加演出，我受命演出詩歌朗誦。我做了「夏威夷攻擊」一首詩，音樂教師坂尾作曲，由學生太田溫吟唱。這首歌是頌讚九位海軍士官乘特殊潛航艇而玉碎，成爲「九軍神」的英勇事跡，合唱起來非常感人。當時我有點懷疑爲什麼是九人，後來才知道第十個人是酒卷少尉，在潛航艇爆炸時，被拋到海岸而不省人事，當場被捕，成爲日軍俘虜第一號，美國新聞大加報導，可是日本國內隻字不提。我於戰後回到德島縣，當了德島縣立穴吹高等學校校長時，有一位名叫酒卷的年輕數學教師，原來他是少尉的弟弟，可是他也沒告訴我這件事情。

堂で大イベントのように開くまでになり、我が一高女のコーラスの出演までとりつけ、私はその指令のまま、詩のコーラスを演出しました。私は『ハワイ攻撃』というのを作詩し、音楽教師坂尾教諭の作曲で、詩の朗唱を生徒の太田温がしました。あの九軍神とたたえられた海軍士官たちの、特殊潜航艇の玉砕のことを歌ったコーラスは、非常に感激的なものでした。あの軍人が、何故九人なのかと不審に思ったのですが、十人目に当たる酒巻少尉というのが、爆雷のため潜航艇もろとも吹き飛ばされて海岸に落下し、人事不省のところを捕らえられたのです。これが日本軍の捕虜第一号としてアメリカで一大ニュースとなったことは、日本では知らされませんでした。私が戦後、徳島県に引き揚げてきた後、徳島県立穴吹高等学校校長になりました時、そこに酒巻という若い数学の教師がいて、彼が少尉の弟であったのですが、このことは彼からは知らされていませんでした。

また、南京空中戦で自爆した梅林大尉も徳島出身で、『梅林大尉の歌』として、藤山一郎の熱唱が有名でしたが、私が引き揚げて住んだ同じ町内に梅林家があり、母堂は当時まだ存命中でした。同じ南京戦では、私の高雄中学同級の織方少尉が戦死、ノモンハンでは、台大国文の同窓生の岩壺少尉が、ソビエトの戦車群に囲まれて戦死するなど、戦局は次第に非となっていったのです。結局、昭和十六年以来戦い続けたアメリカとの戦は、昭和二十年八月十五日に日本の敗北となりました。

另外還有一位在南京空戰中自爆的梅林大尉，也是德島出身的，後來有一首歌叫「梅林大尉之歌」，由藤山一郎演唱，聞名全國。我回日本之後，正巧與梅林家同住一條街上。當時他的母親還在世。同在南京戰中，有我的高雄中學同班同學織方少尉也戰死了。在蒙古境內的諾門汗，台大國文專攻的同學岩壺少尉，被蘇聯戰車包圍而戰死。惡耗不斷傳來，戰局逐漸不利。結果自昭和十六年與美國開戰之後，到了昭和二十年（一九四五）八月十五日，日本終告敗戰了。

(七)

台湾ではこの時を光復といって、台湾人の戦勝ともなり、内地人(日本人)全部の本土引き揚げとなったのです。台湾に駐留していた日本軍がまず先に引き揚げを開始、その保護のもとに順次、粛々と美事に引き揚げていく姿は、世界の注目を浴びた有様で、満州からの引き揚げが悲惨であったのとは、比べものにならないことです。これには蒋介石の有難い配慮があったのです。

さて、内地人作家は西川満らが急に敵視されて、彼らは逃亡したわけではなかったのですが、早い時限で引き揚げて行きました。私は、新中国の省政府の教育要員として留台を命ぜら

第七章　二二八動亂

台灣迎接光復，台灣人勝利了，內地人(日本人)全被遣送回國。首先由駐紮台灣的日本軍開始撤出，在保護之下，有秩序又肅靜地順利撤回日本，受到世界的注目。而滿洲的撤退則極爲悲慘，眞有天壤之別。這應該感謝蔣介石的安排。

內地人作家西川滿等人突受到敵視，雖不是逃亡，但都及早離開台灣。我以教育要員而被新中國的省政府命令留下，任職於教育處，當助理員，薪津照領。這些留用日

れ、教育処勤務の助理員という身分で、給与も支給されました。この留用日僑とは、一般引き揚げ者と区別して、台湾の各産業や、政治が急変して停滞するのを止めるために、特殊技術の持ち主や、学術など重要な人物と同時に残された日本人のことです。大学教授などが多く残されたのです。

その頃台湾には大空襲があり、台北から高雄まで次第に被害が増えていました。日本人の技術者の一部は司政官などに任官されて南支、南洋方面に軍官待遇で動員されていました。島田謹二先生が香港の図書館に赴任したのもこの頃です。多くの文献図書を調査、処理できる人材として任ぜられていたのです。台大の教授達も各方面に任用されました。中村忠行は文科の副手として残っていましたが、台北に女子大を創

僑，與一般遣送者不同。當局爲了防止台灣的各種產業、政治因劇變而中斷，遂在日本人當中有特殊技能的及學術上重要的人物，都被留下來繼續工作。所以大學教授有很多人被留用。

戰爭末期，台灣受到大空襲，從台北到高雄損壞逐漸慘重。日本人技術家的一部分被派往南支、南洋方面，以軍官待遇擔任司政官。島田謹二先生也被派往香港的圖書館，從事文獻圖書之調查與處理。其他台大很多教授也都被派出去。中村忠行留在文科當助手，正值台北有創設女子大學之議，他被預定爲國文科主任而參與計畫，延攬伊藤學長當教授，其次也內定我爲教授。這時，

る用務につき、その中に設ける国文科主任で、その計画に働くことになりました。そしてその教授陣を集めるのでしたが、まず伊藤先輩を入れて教授とし、次に私を教授に内定したのです。私はまだ終戦になっていない時で、一高女に籍が有りました。一高女では、矢野峰人先生の令嬢令子さん、島田謹二先生の令嬢信子さん、滝田貞二先生の令嬢あけみさんが在学していました。台北空襲によって、疎開者が多かったのですが昭和二十年、留守中の島田先生のお宅も爆破され、高雄市の絨緞爆撃で私の家もやられる始末でした。私の『いとなみ』という小説は、その体験を書いたものです。

全国民の生活が逼迫して、島民の生活も苦境に落ちたその時、例の二・二八事件が勃発したのです。敗戦の台北の町に起こったこの事件

我還任教於北一女，矢野峰人先生的千金令子小姐，島田謹二先生的千金信子小姐，瀧田貞二先生的千金あけみ小姐，都曾在我校唸過書。台北空襲之後，很多人疏散到鄉下，昭和二十年，島田先生在台北的家也被炸毀。高雄市受到地氈式爆襲，我家也遭殃了。我曾把這些體驗寫成小說「いとなみ（營生）」。

戰後不久，全國民生活吃緊，台灣島民的生活也陷入苦境之時，竟爆發了二二八事件。由於中國政府的統治失敗，造成本省人

は、中国政府の統治の失敗により、大陸から来た外省人に対する本省人と呼ばれるようになった台湾人たちの暴発でした。私は、ちょうど一高女が省政府の接収後の台湾人ばかりの教育校に任命中で、学校のスタッフは大陸から来た校長(女性)以下の教師たちでした。先方も台湾語が理解できないし、こちらも北京語がわかりません。そんな中に、ただ一人残された私も大変困りました。台湾人である生徒も同じことで、まず中国語の勉強から始めた苦労は、新国語中心になった、全台湾島民の苦労と同じに悩まされたわけです。

少数の外省人が突然やって来て、主要なポストにおさまり、日僑技術者を使ってにわか統治を始めました。二・二八事件は、せっかく光復によって台湾人の天下となったつもりが、その

(台灣人)對大陸來的外省人的不滿，而於敗戰後的台北爆發起來。此時，省政府接收北一女改爲台灣人學校，而我被留任下來。全校教員上至女校長全是大陸人。對方既不懂台灣話，而我也不懂北京話。處在這當中的唯一日本人的我，大感窘困。全校台灣學生也一樣，她們必先苦學中國語。一切以新的國語爲中心，我與全台灣島民同樣的辛苦與苦惱。

少數外省人突然降臨，佔領了主要職位，利用日僑技術家，便匆匆開始統治台灣。好不容易得到光復，以爲從此就是台灣人的天下，結果連基本生活都得不到的台灣

生活の主要部分を与えられず、一種の能力不足の進駐者、行政者に対する不平と、省政府の統治失敗に対する不満が原因となった事件でした。

この騒動は各方面に波及して、諸所の企業施設や役所が反乱者に占拠され、まず占拠された台北放送局から、暴動の様子が実況放送されました。島民は、突然に聞こえて来た日本語の軍艦マーチや、それに続く実況放送に驚いたのでした。それは、つい先日まで聞かされていた、日本人本営のラジオ発表と全く同じ戦況放送が展開されたからです。

※ ※ ※

話は前後しますが、終戦となり、日本軍や日本住民が引き揚げ始めた当時の文学的状勢は、多くの出来事に終始しました。まず、何といっ

人，自然對能力不足的外來者、行政者頗爲不滿，加上省政府的統治失敗，成爲這次事件的原因。

這次的騷動波及各方面。各地的企業設施及公所被叛亂者佔據。他們佔據了台北放送局（廣播電台），然後廣播了動亂實況。島民因驟然聽到日語的海軍進行曲，接著又聽到實況轉播，大爲吃驚。那情況完全和前此不久日本大本營發表的戰況廣播一模一樣。

※ ※ ※

話題再回到終戰時的文學狀況。首先要提的大事就是瀧田先生的去世。先生的西鶴學除了發表於《台大文學》之外，還有三本著

ても大事件は、滝田先生が亡くなられたことでした。先生の西鶴学は『台大文学』をはじめとして、三冊の著書が出され、また画期的な出版として、『西鶴研究』の年刊誌が日本の学界に送り出されました。台北に帰った私も先生のもとで出来る限りお助けし、私自身も西鶴に関する論文を数本発表しました。京大系西鶴学派にも働きかけて、三高出の織田作之助にも執筆を依頼して入手した『西鶴の眼』という原稿を混じえて、最後の本として校正の段階まで持ち込んだのですが、台北の爆撃により中断されました。発刊できないまま、そのゲラ刷りを豊子夫人が苦労して日本に持ち帰られたのを、日大の吉田幸一教授が、日本内地版『西鶴研究』として出版しました。これが日本国内での西鶴学会の再出発となりました。その時には、織田作之助も死

作。另外有一本劃時代的出版物，名叫《西鶴研究》的年刊雜誌，已寄給日本的學會。當時回到台北的我，盡力協助先生編書，而我自己也發表了幾篇有關西鶴的論文。還向京都帝大的西鶴學派求援，並請三高畢業的織田作之助寫了一篇「西鶴之眼」。印刷已進入最後校對的階段，卻遭台北大空襲而中斷，結果這本年刊終於無法創刊。戰後，豊子夫人千辛萬苦把校稿帶回日本，由日大的吉田幸一教授出版，題爲《西鶴研究》。這成爲日本國內西鶴學會再出發的契機。此時，織田作之助也過世，其論文成爲遺稿。

亡しており、あの論文も遺稿となってしまったわけでした。

さて、一方で島田先生の研究は、台湾に於ける日本文学の調査として、まず領台時の森鷗外から始まって、在台の日本派俳人の史実が明らかにされました。日本比較文学の登場と見るべきものです。私も先生にならって、『ピエール・ロチと台湾』を発表し、佐藤春夫の『女誡扇綺譚』調査などを書きました。ロチについては、原書を読むことが出来ませんで、日本語による彼の作品を主としました。清佛戦争直後の日本来遊の途中、台湾澎湖島に、クールベー艦隊の戦艦トリオンファント号に乗って、台湾の暑い季節の数ヵ月を観察したクールベ艦隊の指揮下にあった一平員ジュリアン・ビオー、すなわちロチのことを解説しました。『氷島の漁夫』や、

另一方面島田先生的研究，偏重於在台灣的日本文學調查，首先從領台時的森鷗外開始，一系列探究了在台的日本俳人（譯按：寫俳句的詩人）的事蹟，可謂開創了日本比較文學之先聲。我也效法先生，發表了「比耶魯・羅帝與台灣」，並寫了佐藤春夫的『女誡扇綺譚』的調查報告。羅帝的作品我因無法讀原著，便以日文版爲主。清法戰爭後，搭乘庫魯貝艦隊東遊日本的途中，在澎湖島停留數月的庫魯貝艦長指揮下的一個小兵名叫傑利昂・比奧，我斷定就是羅帝其人。羅帝還寫了『冰島漁夫』及『阿菊』（譯按：即蝴蝶夫人）等長崎故事。我的這項研究，是被前島信次發表於西川滿編的《台灣風土記》的名作

『お菊さん』などのロチの長崎もの、その他、ことに前島信次が西川本『台湾風土記』中に書いた、クールベー艦隊の澎湖島寄港事跡の名文などに触発されたものです。

※　※　※

話はまた前後しますが、私が台湾を去る直前にさかのぼると、敗戦と同時に、留用されない日本人全員が引き揚げはじめた時、逆に台湾外や大陸にいた台湾人や、新たな外省人たちが替わりに帰台しはじめました。私を残して、文学作家たちも内地に送還されたのです。

その時、東京にいた邱永漢が、台北に帰ってきました。邱永漢は、東大の経済学部在学中に、終戦を迎えました。戦後日本に残り、大学を卒業しました。その後、しばらくは東京にいましたが、台湾に台湾人のための大学が設立さ

「庫魯貝艦隊的澎湖島入港事跡」所觸發的。

※　※　※

話說戰後除了留用的日僑之外，所有日本人都被遣送歸國的同時，相反地從日本或大陸的台灣人以及新的外省人都相繼歸來。日本文學家除我之外，也都被遣走了。

這時，在東京的邱永漢也回到台北來了。邱君於東大經濟學部在學中迎接終戰。戰後暫留日本，讀畢大學。聽說台灣要創設純爲台灣人的大學，他有希望擔任教授，所以回來了。他住在台北開始待業生活，因此

れるという話がおき、その教授にと望まれ、帰台してきました。邱君は台北に居住して、就業待ちの生活をはじめると、これを機会に再び友情、交際が復活しました。

台湾の人たちが、新来の外省人に地位を奪われて、せっかくの希望も失われ、不平不満が募った時に、二・二八の暴動が起こったのです。私は、台北一高女から、多くの日本人生徒や教師と共に追われました。そして、中国省政府から眼をつけられて留用日僑として残留しているわけで、住居も佐久間町の官舎から新任所、和平中学のそばで、東門町の元台湾軍第一連隊に近い、帰還日本人の住宅のあとを与えられて暮らすことになりました。その二十一年の四月には初めての子(女児)が生まれて、三人家族の暮らしでしたが、邱君は、その少し近くに単身居

得有機會與他再度交往，重敍友情。

台灣人因被新來的外省人奪走地盤，喪失希望，累積不平不滿，終於爆發二二八事件。我與許多日本學生與教師被趕出北一女。然後被中國省政府看上眼，做爲留用日僑而留在台灣，住家也從佐久間町的宿舍搬到和平中學附近，靠近東門町原台灣軍第一連隊的日本人住宅(主人已被遣送歸國)。昭和二十一年(一九四六)四月，在此生下長女，三人一起生活。邱君也住在這附近的單身住宅。他不再談論文學了，多講些將來的夢想。

住することになったのです。彼はすでに文学を語らず、将来の夢を告げておりました。

台湾人の天下はわずかの日で終わり、大陸から急遽進駐して来た蒋介石直属の強力軍隊によって平定されました。私はこの時、台湾人が多く殺されたこと、台南人の王育霖も拉致されて行方不明となり、その物情騒然たる事件後の台北市内を見て歩いたのですが、実際の台湾人の死体は実見していません。後のいろいろな本で、この時台湾人が二万人も殺されたという事が記されていたのは、私の実体験とは違っています。しかし、外省人に対して台湾人の多くが、その復讐行為として暴力的な行動をし、外省人たち(主として役人たち)が、逃げ回っている風景を見たのでした。私の宅にも、外省人の家族が避難して来たのを、台湾人の追跡からかく

台灣人得到天下僅僅短暫時日而已。蔣介石直屬的精銳部隊急遽進入台灣而平定動亂。這時我聽說許多台灣人被殺，台南的王育霖也被逮走而下落不明。我於事件騷動之後，親自走看台北市內，但沒看到台灣人屍體。日後看了各種書籍，皆記載此時台灣人被殺害的有二萬之多，跟我實際體驗不同。倒是親眼看過許多台灣人對外省人採取報復的暴力行爲，而外省人(主要是官員)四處逃竄的光景。有一家外省人被台灣人追趕而逃到我家來，我便把他們庇護下來。台灣人來搜查時，說日本人是台灣人的友人，不該暗助外省人。這可把我們挾在兩難之中。

まった事がありました。それを探索して来た台湾人から、日本人は台湾人の味方だから、そんな外省人を助けることは許さないなどと、我々が板ばさみになる事態もあったのです。

台大で同窓の馮正枢などが、やはり判官に任じられていました。彼は拙宅のすぐ隣に居住していましたが、王育霖たち、台湾の高級役人たちが殺されたことを知り、自分も台湾人だから同じ運命に落ちると考えて、私のところに覚悟を告げにきました。そして、自分は王のように人に知られず殺されるのは嫌だ、逮捕される時は家族の見ている自宅前で抵抗するのだと、おびえながら話すのを見て私は、これは大変な事態になったと困惑しました。

それから間もないある晩、邱君が私の城東町にあった家に来て、この騒ぎが、台湾の暗い事

台大同學馮正樞也當了法官，住在我家緊鄰。得悉王育霖等台灣人高官被殺之事，想到自己也將遇到同樣命運，便來告訴我，他已有所覺悟。他說不願像王育霖一樣死得沒人知道；如果要來逮捕他，他一定要在家人前面抵抗到底。他邊說邊發抖，我想到事態嚴重，但又不知如何是好。

過了不久的某夜，邱君又來城東町的我家，正談台灣的暗淡事件時，突然附近的部

件となったことを話していた時、突然近くの連隊の中から銃声が連続して鳴りひびき、私の家にまで銃弾が当たったのに驚き、邱君と二人で書斎の床にうつ伏しました。戦時中に使用していた鉄カブトを見つけ出し、邱君も同じくそれを冠って、そのまま朝まで伏せていました。翌日邱君は、これでは将来の台北は楽観できないと言うのです。

二・二八事件が収まった時、省政府は我々残留日僑人の総引き揚げを決めました。白崇禧将軍が来て、最後の別れを日僑全員に告げ、それまでの協力活動に感謝すると言われたことが忘れ得ないことです。

昭和二十二年五月、全島に留用されていた全日僑は基隆港、高雄港から日本帰国の途につきました。この時、中国政府は我々の台湾復興の

隊連續發出鎗聲，子彈竟然打到我家來。我與邱君兩人嚇得趕緊爬伏在書齋的地板上。找出兩頂戰時中使用的鋼盔，兩人各戴一頂，伏在地板上不敢動，直到天亮。翌日，邱君臨走時說：台北的未來不樂觀了。

二二八事件平靜之後，省政府決定把所有的留用日僑遣送歸國。白崇禧將軍向全體日僑做最後的告別道：感謝過去的種種協助。此事令我難忘。

昭和二十二年（一九四七）五月，全島留用日僑從基隆港、高雄港上船歸國。這時中國政府爲了對我們表示協助復興台灣之謝意，

協力に謝意を表して、丁重な送還を行ったことは事実でした。中国側のものとなった汽船で初めて送り出された引き揚げ者たちの持ち物は、前例による背負袋一つと十円札一枚が各人あてに許されたのです。この時の日僑たちには、各々一人五個ずつの行李の携帯が特に許され、日僑たちは助け合いつつ正然とした帰還が行われました。また、今までの帰国団に参加せずに隠れていた日本人たちも名乗り出し、潜伏日僑として、この最後の帰国団に入れてもらえることになり、これらが合流しました。これより前に、皇民奉公会の事務局で働いていた邱君の姉、素娥さんが日本人の夫と共に日本へ行くことができました。

邱君が私の家で会談していた時に起こった銃声は、近くの兵営に台湾人の何名かが襲撃した

對我們特別優待。以前被遣送歸國的人，只允許每人攜帶背包一個和一千圓現金。可是現在的我們每人可攜帶五件行李。日僑們互相扶持，井然有序地踏上歸途。過去躲藏起來而未歸國的日本人也出來報名，做爲「潛伏日僑」，也一併加入歸國團了。以前任職於皇民奉公會事務局的邱君之姊素娥小姐，也得與日本人丈夫一同去日本了。

邱君來我家談話時所發生的鎗聲，聽說是台灣人偷襲兵營所引起的。當局懷疑有台

ときの出来事で、それに参加した人物の探索が続けられました。そして、台北高校の学生にも加わった者があるという疑いで、学校に当局が手入れをし、何人かの学校関係者の行方を詮議しはじめたのです。何人かの台湾人が、帰国日僑の中に潜入しているとの判断で、この日本人団の中にも探索の手が入りました。この時、その事件の犯人ではなかった学生が台湾から脱出を計り、潜伏日僑と名乗って、この群団の中に混じり込んでいたのです。また邱永漢の弟、邱耕南君も、台北の将来を見限り、姉(素娥さん)を頼って出国することに決め、私の縁者として日僑委員会に名乗り出て、この群団に加わることになり、私に同行を依頼してきました。その時、耕南君は「堤稔(ツツミミノル)」という日本名を名乗っていました。或いは母方の名で、国籍も日本とし

北高校的學生參與其事，便去學校搜查，發現有幾個人行跡不明，判斷可能潛入我們的歸國團中，便來搜查。其實這時是有一些學生圖謀脫離台灣而混入「潛伏日僑」團體中的，但不是事件的犯人。邱永漢的弟弟邱耕南，也是悲觀於台北的將來，決定同他姊姊素娥一起出國，便請我幫忙，冒充我的親戚而向日僑委員會報名，參加了歸國團。這時，耕南君用的日本名叫「堤稔」，或許是母方的姓名吧。當時是否登記日本國籍，我已不記得了。

ていたのか、はっきりしません。

基隆港に集結した我々が、出港を待っていた集中営に邱君の一家が別れに来た時、邱永漢が私に会って、彼もすぐに脱出して日本に行くつもりだと、ひそかに私に告げたのでした。邱君は、日本に密入国する時、別に小型船をやとって、それに砂糖を積んで、還国汽船の後を追って行くという事、そして、新垣の帰る四国に渡って、その砂糖を新垣一家の生活資に提供しようという密計を打ち明けられました。しかし、この計画は出発港の鹿港で敵側に発見されて、失敗に終わりました。邱君は、その失敗の事を基隆の私たちに知らせて、別れ話となりました。

引き揚げ船では、各地から日僑たちが集められたのですが、その中には矢野峰人先生、そし

當我們集合於基隆港等船的時候，邱君及其家人特來集中營送行。邱君偷偷告訴我，不久他也要逃出台灣，前往日本。他把秘密計畫告訴我說：「我偷渡日本時，會另外雇用小型機船，載些砂糖，追趕你們的歸國汽船後面，然後渡航到你要回去的四國，把砂糖提供給你們一家人做生活之資。」但後來這計畫在出發地點的鹿港被警方發覺而告失敗。邱君又來基隆告訴我失敗之事，便告別而去了。

歸國船上，聚集了台灣各地的日僑。其中有矢野峰先生與池田敏雄。池田結婚不久

て池田敏雄がおりました。池田は結婚間もなかった夫人、黄氏鳳姿も同行しておりました。総督府図書館長の山中樵も同船していました。基隆港を出発した船が佐世保港（長崎県）についたのは、すでに六月五日だったと記憶しております。珍しく天候が悪化して、ひどく寒く、皆が風邪をひく始末でした。佐世保の集中営の中で、彼は歌を作って示されましたが、それが、「これやこの　生きて帰れば風邪ひきて　知るも知らめも大方（オオカタ）は咳（セキ）」という傑作でした。佐世保で解散した一同は、それぞれ郷国に無事、帰還したわけです。

的夫人黃氏鳳姿也同行。總督府圖書館長山中樵也同船。從基隆港出發抵達佐世保港（長崎縣）記得是六月五日。天氣反常，非常冷，大家都感冒了。在佐世保的集中營中，山中樵做了一首詩：「好不容易活著回來就感冒，識者不識者皆咳嗽。」可謂傑作。佐世保解散之後，各自平安返鄉。

第八章　重建日本家園

我回到了本籍地的德島縣。久別重逢了父母、兩個妹妹、一個弟弟，一家人開始了新的生活。其後的辛苦，凡是復員的人大家都一樣。所幸憑我的學歷與經歷，在德島縣的教育界謀得立足之地，有個好的開始。

首先任教於鳴門市內的縣立撫養女學校。於此，重演了以前在台南第二高女時代演出的我的劇本『爪哇阿春』之舞台劇。也寫信給台南出生的女作家眞杉靜枝女士（我曾讀過她的取材於台南與阿里山的作品），憑着台南時代的交情，請她來校演講，但被她婉拒了，

(八)

私は、本籍地である徳島県に帰りました。そこで、一家（父母、妹二人、弟一人）と再会して新しい生活が始まりました。その後の苦労は、一般多数の引き揚げ者の皆さんと同様でした。しかし、学歴やそれまでの経歴のおかげで、徳島県の教育界でよいスタートを切ることができました。

最初に勤務についたのは、鳴門市にある県立撫養女学校でした。ここでは台南二高女時代に上演した自作『じゃがたらお春』を再演しました。また、台南出身の女流作家、眞杉静枝さん（台南と阿里山を取材した作品を読んだことがあります。）に台南時代のよしみで講演依頼の手紙を出しま

したが、残念ながら断られたということもありました。この真杉氏は台南当時、広津和夫と共に拙宅に来訪したことがありました。ただ、武者小路実篤のスキャンダルの最中とは知るよしもありませんでした。

この後、私は教育委員会に就職し、いろいろな職を経て県立教育研究所長になりました。日本は、占領軍アメリカの指導による新教育の新時代に入った時で、私はアメリカと文部省による試験に合格して、日本の学校教育の指導者に選ばれました。私のそれまでの教育歴により、国語教育に専従しました。戦前の日本の国語教育から、民主主義と科学による方向へ理念さ新たにしたわけです。それまで日本で行われた「読み方」教育は、心理学の構造主義(ゲシュタルト派)に源流を持ったものが主でしたが、私は行

眞感遺憾。這位眞杉女士在台南時代，曾陪她丈夫廣津和夫來我家玩，哪曉得她現在正與武者小路實篤大搞婚外情。

其後，我任職於教育委員會，調了幾個職位之後，就任縣立教育研究所所長。日本在美軍佔領之下，受美軍指導而進入新教育的新時代，我參加美軍與文部省的考試而及格，遂被選爲日本學校教育的指導者。我因過去的教育經歷，所以專門從事於國語教育。從戰前的日本國語教育朝向民主主義與科學的方向，注入新的理念。過去日本所重視的「讀法」教育，主要來自心理學的構造主義，但我從行動主義學到了新的理論與方法。我的『行動的思考學習』『學習羅馬字』

動主義（ビヘリオリズム）から得た、新しい理論と方法を勉強しました。『行動的思考学習』や『ローマ字学習』、『国語教師』などの著述によって、全国の新教育の進展に役立ったのは、私の植民地教育の経験のおかげかと思います。台湾での終わりの頃の文学は、総督府の戦意向上運動に毒されたものであるのに対し、この出発は全面的に学問の本質に立ち帰ろうと努力したものでした。県内の教師たちに少しでも私の考えは受け入れられ、日本の教育界の交流も効果的に行われたと思います。

十余年を研究所で過ごし、その後県立高校の校長を歴任しました。五十九歳で停年退官して、四国女子大学（現四国大学）の教授に任用されてからは、国語教育学と近代日本文学を講じ、その中で明治文学の歴史を調査研究した際に

『國語教師』等著述，對全國的新教育之進展有所幫助，實託我的殖民地教育經驗之福。戰爭末期的台灣文學被總督府的戰意宣揚運動所毒化。對此，我努力重新出發，全面性地回歸學問的本質。縣內的教師們多少接受了我的想法，有效地促進了日本教育界的交流。

在研究所過了十數年之後，便接任縣立高中校長。於五十九歲退休，轉任四國女子大學（現爲四國大學）教授，講授國語教育學與近代日本文學。其間，效法島田謹二先生之方法，進行明治文學史之調査研究。與

は、島田謹二先生の方法をならいました。徳島県に関係のある、モラエス(ポルトガル人)や林芙美子、夏目漱石など地元でも未開の分野を深く調べることは、楽しいことでした。その楽しみのうちに、昭和五十八年秋の叙勲で勲四等瑞宝章を受けて七十歳の開幕とし、いよいよ学究の道を開くことに努力を続け、今に至っているのです。

この間に西川満は、台湾時代の詩作をくりかえし再発表し、年来のエキゾチズムの天后信仰によって信者を集め、ますます彼一流の自家顕示を発展させました。

この頃台湾の空気は、平穏になったようでした。黄得時が来訪し、鄭津梁も来遊、王育徳が台湾脱出に成功し、彼らによってその後の台湾文学の有様を知らされました。

德島有關的毛拉耶斯(葡萄牙人)、林芙美子、夏目漱石等,在本地尚屬未開發的領域。愈挖愈快樂之際,昭和五十八年的秋季敍勳,獲賜勳四等瑞寶章,揭開了我七十人生的序幕。孜孜不倦、繼續努力開拓學問之路,以迄今日。

這段期間,西川滿把台灣時代的詩作重新改寫發表,以早年的異國情調的天后信仰聚集信徒,一路發展他自我流派的自我顯示慾。

這時台灣的社會亦漸趨平穩。黃得時、鄭津梁相繼來訪,王育德也逃出台灣。從他們口中,我約略知道了其後的台灣文學情況。

鄭津梁の息子、梅里正七男君が徳島大学医学部の大学院に来学し、卒業後、徳島県に本社を置く大塚製薬の技術者として、家族で徳島に居住する縁ができました。また、鄭津梁も同居するようになって、『文芸台湾』の仲間として喜んでいたのですが、間もなくこの地で病没したのは誠に残念です。

昭和六十三年七月、長年連れ添った妻が亡くなりました。病気の発見から死に至るまで非常に短く、あれよあれよという間の悲しいことでした。しかし、現在は有難いことに、娘の佐藤紫夫婦が同居し、私の老後を介護してくれております。

平成元年の六月、私は台湾の教え子達に招かれて、約一週間の心の旅(センチメンタルジャーニー)をとげることができ、無上の喜びでありま

鄭津梁的兒子梅里正七男君留學於德島大學醫學部大學院，畢業後任職於大塚製藥(本社在德島縣)，家屬住在德島市，眞是緣份。鄭津梁也來同住，做爲《文藝台灣》的舊同仁，甚感喜悅，但不久就於此地去世，誠屬遺憾之至。

昭和六十三年(一九八八)七月，長年伴侶的妻子去世。從發病到死亡爲期至短，匆促之間的悲傷事。如今，女兒佐藤紫與夫婿陪我同住，照顧我的老境，誠屬可喜可謝。

平成元年(一九八九)六月，台灣時代的學生們招待我返台旅遊一星期，完成了心之旅(感性之旅)，無上喜悅。重遊北一女校園、高

した。一高女や高雄の町など、いろいろ思い出深い場所も訪れることができ、十分郷愁にひたることもできましたし、懐かしい教え子達とも歓談でき、大変満足な旅でした。

今、この老後の私の現況には、多くの出来事の渦を経ての感想もありますが、少年時代を送った台湾の鮮明な記憶にくらべるとまとまりもないのが事実で、もっと正しく静かな心の余裕を得たいと、日々思いつづけています。

（ワープロ　三河加代子
校　正　高部千春）

雄市街等相思之地，鄉愁縷縷，無限親切；又得與懷念的女弟子們歡聚一堂，人生大感滿足矣。

如今進入晚境，滄海人事，感觸良多。唯比起少年時代的華麗島歲月的鮮明記憶，後半生的感想總無法盡情表達，但願天賜時辰，以平靜之心情，寫下更完整的紀錄。

作品

城門

新垣宏一 作
戴嘉玲 譯

這回因祖父的去世，接到老師弔慰之信，由衷感激。這個暑假由台北返鄉後，因祖父一病不起，我一直在左右照顧。從小，祖父就很疼我，我也很喜歡祖父，只要一放假就往祖父家裡跑。如今祖父重病在身，我何忍返回台北的學校？因此直到九月祖父過世，我都留在台南。自從七月一日匆匆地拜訪過老師之後，就沒再與老師連絡。所以，老師看了祖父的訃聞，以爲我當時人在台北，沒來得及與祖父見上最後一面。其實並不是這麼一回事。我每天都到醫院照顧祖父，祖父臨終前我還餵他喝水呢。

如今回到台北的學校宿舍，想起祖父就難過。祖父非常疼我，不管什麼大小事，總是「金葉、金葉」的喊著，好像沒有我不行似地。承如老師所知，由於我讀的是小學校而不是公學校，以致於台語說得不好。偏偏祖父總愛把我叫在身邊，用台語說些有趣的事給我聽。不可思議的是我都聽得懂。祖父說了許多有關台南的故事與傳說。對了，以前說給老師聽的『鴨母王』及『石仔蝦』傳說，也是從祖父那兒聽來的。祖父已經六十七歲，怎麼說也是舊時代的人了。然而，不懂國語(譯者按：此指日文)的祖父，和我這個從小學校及女子中學畢業、如今攻讀於專科學校的人，竟能彼此溫馨地溝通，畢竟還是有血緣的關係。祖父並不是因為我受過教育而特別疼我，只是從小就一直很疼我。如今想起眞是感懷悲切，可惜祖父已成了九泉之下的人了。現在想向老師報告的是有關祖父的葬禮一事。祖父生前始終未能有機會與老師見面談談，祖父雖身穿台灣衫，可是在過世以前就聲聲交代葬禮要用日本式的火葬。由於是祖父生前的遺志，也就順從地火葬了。老師是專門研究本島人舊習俗的，所以火葬這件事是多嚴重的問題，想必老師也相當明白的。關於此事，聽說有人在背地裡批評家父是個講究「皇民鍊成」的市議會議員，因考慮到自己的地位及社會聲望才決定火葬的。雖然我對家父的日常生活及想法極為厭惡，至於家父的所做所為更是令人不滿。不過，這回祖父的葬禮，絕非家父的想法，這一點我必須聲明清楚。這完完全全是祖父的希望。只是，為什麼祖父希望日本式葬禮，就不得而知了。我對於祖父這樣的決定，做了種種推測；祖父在我成長的過程中，常常與我閑談，說些舊時代的事，而從我這個孫女口中得知新的消息，其中雖沒有什麼特別令他感動的，可是無形中影響祖父想以日本式的葬禮來埋葬也說不定。因此，並非由於議會議員劉木川之父的社會地位，或以「皇民鍊成」之模範等等來考慮的。祖父在這一方面是非常單純的人，只是因為喜歡日本的風俗習慣而已。然而，祖父也感覺到我對家父的不滿。不過，另一個推測是，可能祖父並不想讓我們看到台灣式的奇怪葬禮。記得我在唸女子中學三年級的一個夏天，參加了同班同學麗華的父親的葬禮。那時候是由老師擔任班級主任，老師也參加了葬禮，不知是否記得？聽說麗華的父親在長老教會是個有功績的人，在人格上，我的父親是無法相提並論的。其葬禮是基督教式，那時的情景至今都還記得。

會場正面的祭壇，將靈柩安置在附有日本式屋頂的台上，台前裝飾了許多花圈，正面的右邊有黃牧師及林長老，接著是遺族的席位，從麗華的母親開始，麗華及就讀中學的弟弟、公學校的妹妹們。來這裡的人幾乎都穿西裝，而遺族穿上特別醒目的黑色台灣衫，外面再罩上麻布喪服，頭上罩著喪帽。男子則腳穿草鞋，悲傷地哭泣著。如此地描述大概老師也回想起來了吧。我和麗華的家族很熟稔，那是因爲麗華和我一樣都是城南小學校畢業的，可是我從未看過麗華的弟妹們穿台灣衫。在葬禮儀式中唱起讚美歌時，我還記得麗華幾度掀起蓋在頭上的喪帽，用那哭腫的眼睛望著我們。爲什麼在這個時候，只有遺族非弄成那個樣子不可呢？當時我一想到如果有這麼一天，我也得穿上那樣的服裝時，就開始頭痛，心情也變得納悶。

於是我將葬禮那天的感受告訴了祖父。說起來麗華的情況還比較好。我的家庭並非基督教，如採用豪華型的台灣舊式葬禮的話，會出現什麼樣的狀況就無法推測。儘管劉木川的家庭是國語家庭，如內地人一般地過著有文化的生活，一旦遇到這個問題就不知會演變成什麼情況？目前爲止我都未曾考慮過這個問題，然而當我看到麗華家的葬禮時，才開始感到煩惱。再說那天祖父聽了我的感受後，是什麼樣的反應也想不起來了。但祖父向家人提出日本式葬禮，似乎是在那天之後沒多久的事。

如今想起有關祖父火葬一事，覺得祖父眞是個日本好國民。祖父既不會說國語，亦不穿和服，但在性情上卻與我很合得來。反而，我對於家父的生活方式，在某方面感到很虛僞，而相當同情家母。當我向祖父抱怨時，祖父總是靜靜地笑著說：「即使如此，木川還是很了不起的，而且也不是像你這樣的小孩子該操心的。」雖說如此，仍無法平息我的氣憤。一想到祖父是這麼一個好人，就更覺得本島人的其他男性很可惡。老師，很對不起，我又說家父的壞話了。但是當我一想到自己不知是否也會變成同樣的命運時，就忍不住要數落家父。

老師雖然感嘆本島人納妾的壞風俗，但對台灣的未來似乎抱著樂觀的看法。而我卻沒法如此放心。老師曾說，那樣的風俗於法律不被承認，而爲了要提高「皇民鍊成」的成績，首先以身爲日本人，同時擁有有數位妻子的風俗就無法被社會所接納，所以必定會改掉的。如果本島人也同內地人一樣對娶妾的觀念的話，自然就不會討第二夫人或第三夫人。然而家父的做法與從前的人大不相同了，正好與內地人爲避人耳目而於外頭包養小老婆的做法是一樣的。因爲在過去的家族中，正妻與第二或第三夫人友好相處的風俗已不存在於家父的時代了。家父有時候每晚都去小老婆那兒，一去就不回來。我知道家父的小老婆是當年和家母陪嫁過來的女佣，讓我有說不出來的可恥。就算家父是大地主的兒子自小受寵，但也是堂堂的大學畢業生啊！卻與沒智慧的女佣相好，實在讓我感到屈辱。老師曾經告訴我，台灣富家千金小姐出嫁時，必帶著兩、三位女佣一起嫁過去。這女佣是在小姐年幼時就被買下來專門伺候小姐的，所以對小姐的性情瞭如指掌。因此，一起陪嫁過去後也很好差使。即使女佣變成主人的小妾，也不敢將女主人不放在眼裡，對主人是很方便的。在老師說明後，曾反問我實際的情形，我不知道這樣的事於哪本書寫過，但由於自己的父親正處於這種情形，以致於回答了老師不適當的話而深感抱歉。我也沒想到家母認為自己身邊的女佣被納為妾也無所謂，可是我察覺家母現在的悲哀了。因為家母認為嫁到大家族，恐無法承擔過重的家事而帶了女佣過來，這就是與內地人家庭不同之苦楚。我們在女子中學的修養課程中，習得我國之家族制度是一種美德，我亦同感。對於台灣的大家族制度，我覺得缺點甚多。台灣的家庭如果也和內地人的家庭一樣，住在同一屋簷的家族只有父母雙親以及孩子的夫婦，頂多加上孫子，那將是多美的情景啊！可是在台灣都是所有親族同住在一起。老師是否知道本町大街的鄭家，那棟如百貨公司的四層樓的住家，共住了四十幾戶人家，全員合計二百五十人左右吧。如此的大家族是無法過著像內地人一般家庭的生活。最近，以內、台結婚為題材的一本小說中，提到本島人兄弟之間也會相互訴訟，實在是出乎意料之外而深感世間沒有比這種事情更悲哀的了。而對於內地人住家之隔間，那隔成好幾間的門竟是用宣紙貼的，也不上鎖，年輕女兒的房間也可以自由進出，本島人對此都感到驚訝不已。不用說這也使內地人的家庭裡的親子關係變得很親，彼此也不介意那些多餘的禮節。然而一旦是大家族，彼此之間的相互協助就顯得很稀薄，也是沒有辦法的。因此進入大家庭的主婦，其家事之多實在是難以想像。如家母嫁進來的大家庭，家事多的令人頭痛。加上自己帶來的女佣變成小老婆，養在別館，那個小老婆又生了三個孩子，過些時候他們會正式變成我的弟弟妹妹而入藉。現在家父比較疼愛小老婆也是個事實。所以我很討厭看到那個女人，也因此對於家父的所作所爲我都不信任。其實我似乎代替了家母以一個女人的心情恨那個女人。雖然如此，家父照樣很疼我和弟弟。記得剛從女子學校畢業爲了升學的事父母意見對立，才讓我了解到家母的悲哀。當時我也找老師商量過。家母想讓我去東京唸藥專，而家父認爲讓女兒去東京留學，既擔心又捨不得。如果是台北的高等家政學院，有親戚在那兒，可以放心地讓我去唸，否則免談。在和老師商量之後，老師對於本島人的男女升學都希望去唸醫學覺得遺憾，希望大家能消除學校的教育只是爲了追求物質的想法。其實老師的看法和家父是一致的。老師曾指點我，像我這樣出身於富裕家庭的人不必去職業學校，最好是去唸能提高台灣文化的教養課程。對於台灣人大都追求唸醫學的現象，老師的確有自己的獨特見解。但是，這跟我父母的意見衝突是不相關的，完全是我的家庭問題所引起。家母認爲女孩子要有求生能力的一技之長，否則就會像她一樣因爲無生活能力只能忍氣吞聲地委屈求全。所以才會希望我能拿到醫師或藥劑師的資格。家父自己也曾去東京留學過，卻捨不得讓心肝寶貝的女兒去東京留學。其實，是因爲當時正好發生一件台灣留日女學生變壞而惹來殺身之患的事件，家父才不讓我去東京。可是，家母卻與家父爭辯這是小老婆從中做梗。在父母的爭吵中，我實在難過得想自殺，才會找老師商量。當時老師說：「你母親的擔心是杞人憂天。時代也不斷地在變，等你出嫁時，台灣的社會已沒有所謂第二夫人或第三夫人的存在了。」

我不認爲老師是信口而言，也認爲在台灣本島教育的進步中，這種惡習俗會逐漸消失。可是，對我而言，至少目前這個問題是存在的。現在我最大的問題就是對本島青年一點信心也沒有。老師大概也有所聞，像家父一樣的年輕人相當多，而且都以富家少爺居多。像我這樣的，或者是第二、第三夫人的孩子都爲此而非常懊惱。當我一想到家父的地位與名聲，再看看自己的富裕生活，相形之下就不禁讓我想起那些沒受教育卻願意當志願兵的年輕人。不過市議會議員的家父對皇民鍊成運動也是相當邁力，也將我們幾個孩子送進小學校接受國語教育的生活。以至於讓老師起初以爲我是內地人。現在回想起來小學校的日子也不都是快樂的。但不管怎麼說對孩子而言那是最好的選擇了。隨着成長過程的遭遇，我也有了自己的看法。因爲我過的幾乎是內地式的生活，所以我不會說台語。每次一到親戚家就像鴨子聽雷一句也不懂，讓我十分懊惱。女學校幾乎是本島人，所以像我這樣小學校出身的，在無形中就產生了一種優越感，使得學校的國語環境也進步了。加上老師們的努力使學校在鎭上的風評很好，更讓我感到女學校的生活是很愉快的。於是我才體會到家父的社會地位所帶來的皇民式生活是一種喜悅。可是，當我想到第二夫人的問題時，這份喜悅也就幻滅了。

老師，家父如果眞的注重「皇民鍊成」的話，爲何對於自古以來在台灣家庭所產生的悲劇一點也不在乎呢？解決這個問題可以使台灣的家庭有很大的轉變，讓台灣的家族制度也和內地一樣過著正常的家庭生活。老師，我不想重蹈家母的覆轍而過同樣的人生，才如此批評家父。請老師勿責怪我是多餘的操心。

老師，台北最近變得很冷，從小在南部長大的我儘管小心不生病也不是那麼簡單。學校的事也很忙，所學習的與新娘學校很像，覺得很無聊甚至想輟學。結果這一年如惡夢一場。家母最近又表明讓我去唸台北學校是對的，我實在想不通，不過也許是因爲每學期的休假可以見到我的原因吧。家父倒是沒有什麼改變，只是希望我早點畢業，早點嫁人。老師您可別見笑，其實家父是很疼我的。前些日子爲了出席市議會議員的大會而特地來找我，把我叫出學校宿舍，帶我去大稻埕，直問我想吃什麼叫我盡量吃。好像我都沒吃飯似的，令我很尷尬。如果當時我去東京留學的話，就不會有今天這情景了。起初朋友都去唸東京的學校，而只有自己前往台北時覺得很無聊。但由於家父表明他對我去東京留學的看法後，才使我打消了念頭。去東京留學雖然有很多好事，可是不愉快的事也有。記得我唸女子中學四年級時，曾參加前往內地的修學旅行，參觀了東京。所以總算可以坦率地接受家父的意見。我想我也比較懂事了吧。家父所言，以及修學旅行中老師告訴我的話是一致的。這也是讓我反省的原因之一。老師也許已不記得在東京車站發生的事——

我們旅行隊所乘的火車滑進東京車站的月台時，許多來迎接的人面帶笑容地迎向車窗，來的人有本校畢業生及台南出身的男女同鄉。其中約有二、三組的畢業生與戴著菱角帽的老公一起來。從月台走出車站時大伙愉快地邊走邊閑談。讓我吃驚的是，有一對留學生的夫婦竟然彼此用台語交談，聲音大而且一點也不顧忌什麼，瞬間我無意識地看了帶路的老師們一眼，其他的老師和友人談笑風聲地走著，只有老師一人靜靜地聽着。老師，很抱歉！偷瞄了走在月台上的您。看著他們用台語閑談，老師似乎心情很沈痛。一會兒，爲了與老畢業生寒喧，總算展開笑容，我也才放心。

然而，東京車站的這一段小插曲，只是第一個驚訝，之後我又看到更多類似的事情。這些都成了我心中的疑問、內心深處的障礙，到旅行終了都很不愉快，甚至連自己都很驚訝，自己近乎變得歇斯底里。在歸途的船上，爲內心的不平而痛苦著。結果竟然被老師識破而幫我渡過了危機，如今想起來眞的很感謝老師。想必我的任性不懂事造成老師不少的困擾吧。當我在東京聽到留學生說台語，在街上看到朝鮮半島的人穿著朝鮮服大搖大擺地走著，剛開始只是以好奇的眼光在看。然而至今我們在學校所接受的教育是絕對使用國語，不可以穿台灣衫。如今來東京一看卻是這般光景。之後我也找那些人談一談有關東京的生活，他們說：在東京大家都很自由，彼此不干涉他人的生活。從他們的表情似乎認爲我們是上京的鄉巴佬。面對這些時髦的美人姊姊們，毫無尊嚴地連一句話也回答不出來。卻在心中生起了無名怒火，鬱悶不堪。因此，在船上將那些無聊至極歪曲的話告訴了老師。對於自暴自棄的我，老師含著淚水不斷地開導。老師不只解救了我一個人的危機，透過我又不知造就了多少了不起的皇民。針對我對東京的看法是如何地錯誤，老師站在船上的甲板，吹了一個鐘頭的夜風，總算說服了我。就是這時候，老師說了和家父一樣的話——在東京過活的人果眞了解他們自己嗎？認爲東京是自由的而沾沾自喜的精神果眞能拯救台灣嗎？能成爲台灣進步的力量嗎？如果要拉台灣一把的話，就應該在台灣生存，與台灣一起成長。總之，家父爲促進「皇民鍊成」而持有相當激烈的理論。因此從某一角度來看，我覺得家父是很了不起的。只是更希望家父的理論能貫徹到生活上。這也僅是一個女人的看法，如果由老師來看家父的話，也許還有更多看法。

前幾天家父來台北帶我去大稻埕時，通過太平町入口之城門。家父看見那城門四周整理得乾乾淨淨，即讚美道：「這眞是了不起的維修啊！」而我卻回答：「可是聽說一到晚上就有人把裡面當廁所用。」家父即大笑三聲「哈哈哈！」於是有一次在會議上，針對這現存的懷古之物，於「皇民鍊成」的立場來看，家父提議台南保留的幾個城門，既然已遭人破壞變亂七八糟，令人懷疑有保存的必要性。反而公共廁所不夠用才會使這些地方被弄髒，於是家父建議乾脆將城門改建成公共廁所。但被人當成異想天開、極端的理論而未被採納。在別人來看是愚論、謬論，然而老師卻笑著對我說：「妳的父親眞是不簡單啊！」這件事家父還記得很清楚。像老師這樣專門研究台灣的歷史及民俗的人，對於家父的建議一定認爲是非常愚笨的論調。雖然我不知道老師爲什麼要研究那些古蹟，但絕不止於興趣而已，我認爲研究舊民俗是爲了建設新的習俗。就是因爲這樣才使我將祖父的事說給老師聽，因爲只有自己一人獨享，似乎太可惜了。我希望早點忘掉本島的生活方式而活在新的時代裡，諸如覺得古老城門稀奇，卻不想與古老城門有任何瓜葛。因此我也贊同家父的謬論之提議。大概老師現在正走在台南的古街邊調查什麼吧。在台灣的本島人之間，有許多人對老師的研究工作持有好感，可是對於家父的謬論，恐怕同情的人不多吧。我一方面覺得老師的研究既淵博又深奧，另一方面我又覺得家父的議論是很了不起的主張。可是當我想到家父的生活與理論有隔閡時，就想起不懂「皇民鍊成」的論理卻能溫暖地包容我心的祖父是何等偉大無邊呀，合掌祈求祖父在天之靈安息。

老師，我的祖父就是這樣的人。我只是盲目地仰慕著祖父，說不出什麼具體的事情。如今把祖父葬禮的事轉達老師，希望能聽聽老師的感想和意見。

——原刊於昭和十七年（一九四二）一月二十日發行《文藝台灣》第三卷第四期。

營生

新垣宏一 作
杜　凡 譯

我是個教師，住在一條格外深的死胡同裡。我家的玄關門面寒酸得讓人羞慚。儘管如此，好歹也是公家的宿舍，在這個租房難的時期，構造良好的房子幾乎不可能找得到。所以能得此安身之處，不能不心存感激。況且這房子雖外觀寒酸，裡面的布局卻不差，我相當滿意。夫妻倆人能住上有三個房間的屋子很不錯了。算是最大的一個房間也只有八疊，裡面排著的書架剛好成了旁邊六疊大的睡房的間壁。由於既無物可裝飾，又無客人來造訪，因此連無處擺放的小書架都被放置於此房。總之，才八疊大小的房間，裡面竟放了八個書架，正中置一書桌，我便在此工作。然而，我的妻子是個不大尊重書籍之類的女人，對於塞了一屋的書架很不喜歡。她叫嚷說連看都不看一眼的書放進壁櫥好了。我常爲此而生氣。妻子雖也說得挺有理，但我覺得書要是堆進了壁櫥，人看不到書脊上的字會感到落寞的。自己也對這種念頭感到驚訝，但偶而一幅勤奮的樣子要來研究些什麼的時候，若常要翻看的書不在伸手可及之處，我便會沒了幹勁。不過這種情形並不多，皆因平常我亦非好學之人。結果書架也只是用來陳列書籍而已。儘管這樣，書仍是不斷地增多，橫七豎八地塞滿了書架，幾乎快堆到天花板了。

「你這樣空襲的時候會很危險的。」妻子說。

「那有什麼辦法，都已經盡量靠緊墻壁放了，你說還能再怎麼收拾？」我有理無理地答道。

「索性塞進箱子，放在床底下豈不好？」

「哎，拜託，你也不想想，書放在那麼潮濕的地方會成什麼樣。」

「可是疊得那麼高，肯定會被爆炸的熱浪衝倒的，我們就睡在隔壁，不被壓扁才怪呢。」

「你胡說什麼呀，難道有空襲時仍舊呼呼大睡的笨蛋嗎？」

「空襲這種事情，未必都會事先發警報通知哦。」

「如果是那樣，說不定炸彈還會在呼呼大睡時掉在我們的肚皮上哩。要擔心那麼多的話，屋頂也說不定什麼時候會塌下來呢。危險的事多著呢。」

「反正就是說不過你。……但書眞的就那樣放了嗎？」

「沒法子呀，況且搬來時裝書的箱子都已經做了雞舍了。」

「可是還有五六個擱在屋檐下呢。」

「才那幾個有什麼用？」

「那最要緊的放進去怎麼樣……」

「哪一本最要緊自己也不知道。」

「眞不講理。」

其實我也並非沒有反復地考慮過，一旦眞的被空襲，這些堆積如山的書籍該怎麼辦？但因無法想像最壞的情況，所以也不知從何著手。

我們的房子布局很中我的意，但遺憾的是沒有一個像樣的院子。狹窄的小院裡有雞舍和一塊兩坪大的菜地。全都是妻子苦苦請求的結果。這聽起來似乎是我爲妻子而做的，但實際上並非如此。我很淸楚爲了補充糧食之不足，養雞種菜是很需要的。然而造個雞舍，又或把滿是石頭的硬地耕成菜圃，都不是容易的事。有一回我花了半天，試著用拆掉的舊書箱去拚湊個雞舍，那可眞不是件簡單的事。因爲沒有鐵絲網，只好把木板鋸成長條做欄柵。造好了的雞舍就像乞丐住的小屋一樣難看。而那塊地，開始翻了沒幾下，因爲實在太硬且石頭又多，我被弄得十分煩膩，中途便撒手不幹了。好幾天連碰都不願碰那柄鍬。妻子大發牢騷，見我不動手，只好每天一個人一點一點地耕那塊地，最後竟然耕好了。我故意裝出一幅毫不佩服的臉，惹得妻子更加生氣。

「你看人家藤田太太的先生，每天下班回來就熱心地弄菜園，你也幫點忙不行嗎？」

聽了妻子的抱怨我就一肚子氣。

「喂，那位仁兄是一早回家沒事可幹罷了。我也羨慕他哦。可你不看看我到底幾點才能回家，是傍晚哩，每天在學校一直工作到傍晚，學生可都是些大活人哦，教得人頭痛。回家以後弄弄菜地什麼的來散散心，當然再好不過了，可是我累得連弄那些東西的力氣都沒有，人家的辛苦懂不懂!?」

其實我有點誇大其詞。我並不是眞的天天都累得死去活來，只是人畢竟有喜歡幹農活也有不喜歡的。我就是因爲不喜歡幹，才揑出一通歪理來唐塞，的確是可惡的傢伙。在學校我也和學生們一起耕菜圃。常不管自己身體孱弱而去揮鎬掄鍬，並不是爲了做樣子給學生看。每看到弱小的女生手中的鐵鍬被硬石頭反彈、弄得身體東倒西歪，便忍不住上前「讓我來。」邊說邊搶著幹。可是我就是不願弄家裡的地。

「總之，你這個人就是狡猾沒善心。」妻子動了眞氣。我難以接受她的話，於是常常一個人苦著臉想：難道我眞的是個又狡猾又沒善心的傢伙?!

蔬菜缺市的時候，不安的妻子就會拚命想辦法，在小小的二坪菜地裡種上各式各樣的東西。附近的主婦們相約，絕不購買黑市的東西，所以大家都想盡辦法去解決問題。每頓飯都要聽妻子嘮叨有關桌子上蔬菜的事。我這個人對飲食沒什麼講究，並不要求飯菜美味可口。可是空心菜湯卻讓我喝得津津有味，只不過臉上沒表現出來而已。

因此妻子便問：「你不愛喝這湯，是不是?」

「不會啊。」

「現在除了這個沒別的可吃了，將就些吧。」

「沒關係，這菜挺好嘛!」

連續吃了好幾天空心菜湯我都沒膩，所以菜圃裡一直都有栽空心菜。咱家的那塊菜地也就這個水準了。不久妻子要想法擴大利用小院，想把雞移到牆腳下，再多耕一坪菜地。就是說我又得幹活兒了，豈能輕易贊成？況且造雞舍的材料已經沒有了，隨便把現在的拆掉，我哪有辦法再拚湊一個？於是支支吾吾揑出些理由來反對。那時雞舍的屋頂已經腐爛漏雨了。雞群每每被淋得濕漉漉的好不可憐。妻子的脾氣就是想到什麼就非幹不可，對雞舍的事十分在意。半夜醒來，外面下著雨。我本是蠻喜歡躺在被窩裡聽雨聲的，但妻子一發現下雨就忍不住擔心雞舍來。兩個人對事情的感覺完全是兩碼事。打那以後妻子就不再指望我了，她似乎已認定我是不愛勞動只愛啃書的人。而在我看來，妻子和鄰近的年輕土婦相比，既沒力氣且什麼都做不來。於是偶而故意戲弄她說：「沒跟公婆住在一起的媳婦夠舒服的了。」

「橫豎我不中你母親大人的意。」

這並非挖苦而是眞事。妻子最終認定了我是沒有力氣的傢伙，便不知從哪裡請來了一日本人木工，把雞舍弄好了。這回的雞舍比以前的小一半，還做了一個不漏雨的屋頂，並把細竹條打橫兩頭用繩子綁好做欄柵，各種木板被巧妙地利用上，看起來很不錯。雞舍就建在狗屋的斜前方。那隻威亞種、名叫阿汪的狗，脾氣很倔，見了雞群就不停地吠。妻子一邊罵阿汪一邊指揮木工，終於在傍晚前把新的一坪菜地也給耕出來了。付了木工二十圓，妻子問我是不是太貴了？

我回答說：「竹子、繩子、釘子材料都是人家拿來的，做了那麼些活兒，連地都耕好了，不能算貴啦。」我在心裡嘀咕，要是讓我來幹這些活兒，還不曉得要花多少天呢。但話又說回來，到底是因爲我磨磨蹭蹭什麼都沒幹，妻子才不得不僱請木工的，只是我不願當面稱讚妻子能幹罷了。

夏天某日。弟弟勇吉考上了特幹兵，來向我道別，想請我在國旗上給他寫幾句。因家中只剩母親一人，勇吉想盡量多陪陪她，所以只打算留一天。我們雖然都住在同一個島上，但一東一西，勇吉花了兩天一夜坐火車來的。

「母親那兒的防空壕挖好了嗎？」我問他。

「嗯，沒問題，我挖好了，上面還用電線杆一樣粗的圓木做掩蓋。」

「裡面滲水嗎？」

「是的，那塊地不太好。」

「果然是滲水了。」

「嗯，我走了，母親得要自己汲掉積水，也許會挺費勁的……不過大概汲十桶就夠了。」

「上次警報響的時候怎麼樣？」

「還好啦，只不過是支那來偵察的，也沒躲到外頭去，就躺在被窩裡，我對母親說，要有危險我會叫她，安心躺著吧。危險的大空襲不會常常發生，哪會每次警報響都往防空壕裡躲呢。」

「那也是，但還是小心點的好。」

「是的。」

聊完天後，我想在國旗上寫首和歌，可是寫什麼內容好呢？

於是隨口問勇吉：「喂，勇吉，你做過和歌嗎？」

「沒有啦，我跟哥哥不一樣，不是文學愛好者。」勇吉一幅理所當然的樣子答道。

「但至少唸過萬葉集吧？」

「在五年級教科書的開頭裡有唸過一點而已。」我發覺跟勇吉談這些沒意思。便說：「那好，我來做首和歌吧，字可能寫得不好，不過，彼此彼此，你的字也不行。」

於是，馬上攤開國旗，上面已有弟弟的幾位恩師簽了名。我在空白處用小字寫上了一首和歌。

弟弟回母親家後，妻子稱讚起他來：

「勇吉眞了不起，什麼活都幹得來，還很會體貼母親。」

「那當然了，他比我強壯多了。」

「說的是，誰是大哥誰是小弟都分辨不出來，身材也是他比你高。」

完全正確。正如妻子所說，與我的瘦弱體格相比，弟弟確實健碩多了。

「我小時候沒吃娘的奶，只喝牛奶長大。勇吉那傢伙出生時，娘的身體好，奶水足，他自然長得好。」

我不是爲妻子稱讚弟弟而生氣，只想說幾句辯解辯解而已。

「那點小事能有什麼影響?!」

「當然有啦，連精神方面也會受影響的，你知道芥川龍之介的煩惱嗎？」

「不知道，到底是什麼呀？」

「不知道就算了。」

爲免妻子又似往日那樣發牢騷，我趕緊把話岔開。那天晚飯時，我裝出偶然想起的樣子，對妻子說：「你好像經常站在街上的書攤旁看短歌雜誌吧，你覺得短歌很有趣嗎？」

妻子吃了一驚道：「不曉得，我不過是讀自己認識的那些人寫的詩歌，然後想像他們的近況而已。」

「哦，原來是那樣……」

「大家好久沒見面了，哪怕只能拜讀一下他們的作品也好嘛。」

「那麼說，每個月登在雜誌裡的詩歌還挺有用的嘛。」

「是哦，不過那些歌人也眞是的……」

「咦，有什麼不中意的嗎？」

「那些歌人寫的都是身邊的眞事，簡直就是在寫自己的妻子或出征的丈夫……」

「哦，那就等於是在寫風月情囉。」

「我可沒那麼說，不過也差不多。我不喜歡。爲什麼搞文學的人只愛寫身邊的事呢？我要被那樣寫的話，一定不會若無其事的。」

「是嗎？不過歌人也許的確愛把自己和妻子或丈夫的風月情寫進詩歌，但小說家不是更甚嗎？我倒覺得被寫進小說的妻子更慘。唸過尾崎一雄的小說嗎？」

「沒聽說過。」

「可惜。那作品可有趣了。」

「他的妻子被寫進去了嗎？」

「你說呢，總之很有意思。」

「嗯，不過小說家都愛誇張事實，好妻子也會被寫壞，那不是比照事實寫的歌人還要可惡得多嗎?!」

「越說越離譜了。總之把身邊的事寫成詩歌的人很多，認爲那才是詩歌的人也很多啦。橫豎你的那些所謂的朋友，都是些剛開始寫歌又未成熟的人吧，成天拚命把什麼今天天氣很好啦，配給蔬菜分到手啦，之類的事寫成短歌吧。」

「可是比起憐惜妻子、思念丈夫的詩歌，他們寫出日常鎖事，才是自然主義派啦。」

「咦，有那樣的自然主義嗎？但是大家都認爲只寫些日常瑣事，不能稱之爲詩歌。沒唸過明治的短歌史，對於時下短歌，怎麼分得清哪些是內行人、那些是外行人寫的呢？短歌也有很多流派。最近某一流派的人，愛惜用人家寫過的片假名用詞，反過來卻在講アララギ派的壞話。但台灣的歌人都不去理會那些批評，照舊寫自己的詩。」

「是那個叫三井的人的意見吧！」

「是的，好像是叫三井甲之這個人的主張。我也不太清楚。」

「男子漢不畏死，用生命保大和，是『用』還是『以』？」

「嗯，那首詩是挺好的。但其他的都不怎麼樣。」

到底哪裡不怎麼樣，我自己也記不清了。總之，最近我總被時下的短歌、幕末志士的詩歌之類的東西弄得心情鬱悶煩躁，想傾訴又明知妻子不懂，只好罷休。

弟弟出發那天，與母親一起去送行。母親在車站和弟弟說了些別離的話。最後母親說不送上月台了，弟弟也覺得那樣才好。於是妻子和母親留在車站，我擠進人群把弟弟送上月台。那裡的年輕人個個意氣風發，貼在車窗的每一張臉都是那樣的明朗。而我和弟弟在喧鬧的人堆中，只一味地沉默相對著。弟弟緊閉雙唇，平靜地回望著送行的人們，樣子極其鎮定。忽然想也該把母親帶進來，不，還是這樣的好。我暗暗下定決心，強顏歡笑目送著弟弟。

火車即將開動。「萬歲，萬歲！」叫喊聲穿過人群飄向遠方。這時有人從車窗裡把一面大大的太陽旗「唰」地展開，用力地揮舞著。一定是弟弟在使勁揮舞太陽旗、來傾訴胸中無法抑制的激情。我一直目送著那面旗，火車已拐彎遠去，我仍舊佇立不動。

母親回家不久，有一個晚上她住的地區遭敵機襲擊了。參加一波又一波攻擊的戰機前所未有的多，直到深夜仍不停地輪番投彈。那晚母親躲進壕溝，在積水裡泡了好幾小時。

「已往就是敵機來了，也滿以爲沒什麼了不起，但那個晚上的確可怕，勇吉又不在家，我們的軍隊像放煙火似的，不停地朝天上打照明彈。房子被震得嘎嗒嘎嗒響，叫人坐立不安，躲是躲進了防空壕，但裡面的水浸到腰處，又不敢亂動，實在難受。只是髒也就罷了，水冷得叫人想小便卻又不敢跑到外面去。那種滋味還是第一次，下回可眞得要做好心理準備。」

這些事情都是過後才聽母親講的。據說有那幾根大圓木做掩蓋仍不能放心。敵機每十分鐘來襲一次，它一飛走，母親就趕緊跑到屋裡把塌塌米一塊一塊搬出來，疊在壕溝上。再也不敢像以前那樣只躲在被窩裡。

夜襲後母親沒有馬上來信告知當時的情況。聽了前去視察回來的防空隊長的話，我想家裡的防空壕非得再加深不可，於是開始著手把後院的壕溝挖深。壕溝離後屋檐不到四尺，上面禿禿的沒遮沒掩，我爲此而十分頭痛。不過壕溝的地是粘質土，所以用鐵鍬很快地又挖了一米深。在學校裡聽大家報告防空壕的進展，果然是咱家最慢。於是很難得地，一連幾天，每天都努力地挖。儘管我是那麼討厭幹體力活，但看到街上連女人小孩都在忙著挖掘，自己也就不得不努力了。後來，每當碰到別人在挖壕溝，便會停下自行車來觀摩一番。

不久，收到了母親的來信。信中寫道——

最近很難得睡了幾晚好覺。你那裡的防空壕挖好了嗎？另外，叫絹江別忘了要隨時穿好長褲和足袋。要是警報響了就多套幾條褲子，只穿一條恐怕容易被弄破。足袋也要著實穿好，以便隨時往外逃而不會弄傷腳。

我想以後的空襲會更厲害，但別爲我擔心。雖說勇吉不在家，你父親也肯定在上海擔心著這裡的一切，但我還不打算搬去你那邊。最近空閑多，我常去婦女會幫忙。千萬要把防空壕造牢固些哦，你愛偷懶，眞叫人放心不下。

母親不時來信，每次總要提到防空壕的事，似乎很替沒有受過空襲的我們擔憂。

十月十二日的大空襲並非突然之事。數天前在學校便開始聽到一些消息。不久警報果眞發出了。戴上頭盔，背上急救包，緊張地做著準備。這時被通知說：敵方的機動部隊會在明早前後派艦載機來襲擊，聽了心裡猛然震動起來。十二日的大空襲的確十分激烈。然而當我逃過去後，我深深感到空襲前的預告比任何眞正的空襲都要令人恐懼。

第二天一早敵人又開始襲擊，在我上班前空襲就來了，站在防空壕邊吃了早飯，抱了五、六塊場場米疊在壕溝上，才要躲進去，發覺溝裡顯得很窄。

「怎麼啦，不能再往裡一點嗎？否則我一進來就一半露在外頭了。」

我朝縮在裡面的妻子說，於是她蠕動了一下。

「可是……」

邊說邊把裝著糧食的大鐵罐緊緊抱在懷裡。壕溝最裡面放了熱水瓶，甚至還有裝米箱。為此，人藏身的餘地變得很小，簡直無法動彈。避難的警報鐘尖銳刺耳，敵機雖沒有立即出現在我們頭頂，但有防空壕卻躲不進去的我焦急得大聲吼：

「裡面放那麼些破爛，人都快沒地方藏了！」

「這可不都是珍貴的糧食嗎？」妻子也兇起來。

「那些東西放在壕溝外頭就行了嘛！」

我也不知怎的變得兇狠狠的。

「放在外頭會被爆炸的嘛。」

「廢話！食物被炸飛有什麼，人能得救就行了，哪有食物藏在壕裡人留在外頭的道理！」

「可是沒有糧食就麻煩了，這你也知道，我可是在東京大地震時遭火災，嚐過死的滋味的。」

妻子毫不示弱。她是個容易衝動的急性子。當時我也很不鎮定，沒有餘力去想為何要爭吵。我們都不知道空襲會令人這樣焦躁不安。無論我還是妻子，在敵機的盤旋下，不知不覺亢奮得爭吵起來。最後不服氣的妻子含著眼淚生氣，我亦不再光火了。在高射炮的轟擊下，爬起身來，滿腔怒火無處洩，心想：誰要躲在這窟窿裡偷生？管他的，被砲彈擊中就擊中好了。於是就趁個適當的時機，騎上自行車往學校去了。

那天敵機稀稀拉拉地飛來，到了中午，因爲敵機一般不在這時來襲，所以我交了班回家。想起早上那場無謂的爭吵，心裡很不自在。我穿著鞋呆坐在沒有塌塌米的房間裡，好一陣子都不願理睬妻子。那時我才深感空襲的恐怖確實會影響人的身心。回想早上的事，自己居然也會爲雞毛蒜皮的事吵架，眞丟臉。

於是我跑到院子裡，用鐵鍬在角落挖起洞來。心想以前的壕溝放不下糧食，那就再挖一處來放好了。這樣哪怕我不作聲，只埋頭幹，妻子也會明白我的心意。可是偏偏相反，這事竟又成了爭吵的原因。妻子見我在挖地便問：

「在幹嗎？」樣子蠻冷靜的。

「想挖個洞藏書。」

我隨口答道。誰知妻子一聽就變了臉，道：

「哼，就是把食物全扔在壕外不管，你也要把書藏好，對吧?!你這麼不講理，好無情呀！」

說著便氣得兩眼淚汪汪的。妻子居然會氣成那樣，令我十分意外。妻子一定覺得自己爲了保存糧食費盡苦心，而我竟只顧著那些書的安全，實在太殘酷了。

「你在說什麼，那麼小的洞能放得下幾本書?!自然是糧食最優先啦！」

我也不禁操起早上的吵架口吻。你除了書什麼都不打緊，妻子忿忿的話，到今天爲止我不知被妻子說了多少遍，什麼「你只要一看見書就笑吟吟，除了書別的事都無所謂。」但我總隨便她說，從不放在心上。然而現在，在空襲下，人的安全優先，其他所有東西都必須放棄，妻子的話竟讓我異常難受。「這個時候還留戀書本」這成了無法忍受的咒罵。

「渾賬！」

我罵著，把鐵鍬狠狠地朝地上一扔，坐在屋裡一直生氣。

敵人的第五十八機動部隊在台灣海峽潰敗，卷起旗幟遠逃而去，我軍大勝。但回想咱家的防空戰，實在是危機處處。首先壕溝上面只橫了兩三根長木，不過是每次都揭幾塊塌塌米蓋上去而已。其次失去沉著鎮定的我，常胡亂對妻子發脾氣，那一定是受了某種刺激的緣故。我居然沒在那醜陋的瞬間被炸死，想起來便冷汗直冒。

敵人迫近菲律賓，敵我雙方在棻特灣掀開了航空大戰的帷幕。於是特攻隊的那些戰報不斷傳來。每當發表了那些年輕飛行員的壯舉，我便感到這才是神州不滅。而那些年輕飛行員的年齡叫我想起一直渺無音訊的弟弟勇吉。

有一晚，年輕的學生來訪，對我說：

「老師，我剛看到在炸倒的房屋裡，書本都一頁頁地散了一地，好慘哦！」

妻子聽了，朝我瞅了一眼。

「嗯，是嗎。」我也感慨地應道：「唉，算了，反正我也不留戀那些書了。」

「眞的嗎？」聽我這麼說，妻子在一旁笑了。

「嗯，我單身來此任職時，在宿舍裡住了三個月，手頭就只有一本《西鶴全集》，那已經足夠了。沒了書，反倒讓人輕鬆哩！」

「有那種事嗎？」

學生一臉不解。

後來，我和妻子邊喝茶邊說起空襲的事。

「喂，反正也不知還能活幾天，別再不像樣地吵啦！」

經我一句，連向來脾氣執拗的妻子也默默地點頭了。

「嗯，都過去了。對了，特攻隊的士兵們寫的和歌登在報上了，你看了嗎？」我換了話題。

「看了，都是很難得的好歌。」妻子點著頭說。

「為什麼做得出那樣的歌呢？我眞不明白。那個年紀，別說我失禮，那是些文學修養與勇吉差不多的年輕人哦。我想那並非作詩的技巧問題。那才是眞正的大和歌。提起和歌，就想起毫不關心和歌的勇吉，那傢伙到底現在怎樣了？」

「有了化身成佛的心境，自然就寫得出那樣的詩。」

「總之，這是我在思考的問題。」

反正這些事和妻子討論也對不上嘴，乾脆我就想勇吉的事，母親的事，父親的事。並且堅信他們都能在空襲中頑強地生存下來。雖然音訊不通，我祈禱著每個人都不怕孤獨，不管多長歲月，不要被敵人摧殘到我們的精神與肉體；堅強地活下去，直到打敗敵人爲止。而我也把大空襲做爲人生的再生，決心抛開焦躁不安的生活，積極進取。首先，我認眞動手徹底加強了咱家的防空壕。因爲妻子又叫來了以前的那位木工，一向指揮人的我，反被木工催趕著，渾然忘我地幹起活來。（翻譯協力者：尾林由加子）

——原刊於昭和二十年一月五日發行《台灣文藝》第二卷第一號。

新垣宏一詩六首

□戴嘉玲 譯

(一)葬禮的夜晚

呼！呼！
是寂寞的靈魂的傾訴嗎？
微微吹著風的夜晚
悲傷的號角聲又縈繞在耳邊
令人心痛的埋葬之夜
陰暗的祭壇前
穿著異樣衣服的道僧
唸著滲入心腑的咒文
哆哆咚咚地踏著腳步

嗩吶吹出令人害怕的聲音

祭拜著死神

通宵苦悶的法事

掛著舊時鐘陰暗的祭壇前

一遍又一遍地反覆著

唸著滲入心腑的咒文

白天送葬野地時

咚嚨　咚嚨地

敲打著葬禮的大鼓

披麻帶孝的隊伍綿延不斷

秋風吹著哀傷的人們

灰色的塵埃飛起

秋風中急行的隊伍

敲著大鼓的童子費勁地跑在後頭
誰也不哭泣的不可思議的隊伍
走在黑色的圓木棺材後面
被大鼓的噪聲追趕著
蕭蕭秋風中擤著鼻涕

今晚萬物沈默不語
葬家裡道僧大漢一人
哆哆咚咚地踏著腳步
邊走邊念著咒文呢

——一九三五年一月六日發表於《第一線》（亦爲《先發部隊》第二號）

(二)廢港

夏日長雨後的夜晚
離海五百公尺的台南街道　迴響海潮聲的寂寞

越過鹿耳門的水門　渡過北線尾的急流
轟隆隆　轟隆隆地響遍四周
熱蘭遮孤城飄揚南蠻旗幟的往昔
刮起黃砂飛散安平的天空的風
如今依然刮著

廢港的古城啊！　熱蘭遮的堡壘啊！
佇立在海潮聲中的城堡令我懷念
遠遠落入支那海波上夕陽照得磚瓦暖暖地
鴿子飛翔著　鴿子飛翔在那夕陽的天空

那木麻黃茂密的海濱曾經是一片大海
從前響遍朱印船的法螺號與戎克船的銅鑼聲的港口
如今已不復存在

水邊的紅樹林被風吹著吹著

從根部緩緩地往上爬　不可思議的花跳仔
那小小動物的珠裏映著　荷蘭的三色旗
已褪了顏色

寂寞海潮聲的夜晚
傾聽響遍夜空的鳥聲　想起安平
懷想著磚瓦暖暖的色彩

——一九三九年十二月一日發表於《華麗島》創刊號

㈢新樓的午後

在台南的東邊郊外一個叫新樓的地區，有英國長老教會學院、外國人醫院以及教會學校等，環境幽靜，余愛其古色風味。

在蓮霧樹林裏
輕巧地踢著長衫而奔跑的阿梨啊
耳環鏗鏗發出回響
越過教會穿進樹林　妳不停地奔跑

在蓮霧的花陰下只留下我一人靜聽著風聲
風一吹　聖歌也斷斷續續地回響
緩緩反覆的詩篇朗誦——也參雜著阿梨的聲音
阿梨啊　請想想這樹林的幽靜吧
安祥的夕陽裡　傾聽著阿梨悄悄的歌聲

神學院的庭院
檀木花飄散又飄散
隨風飄來的風琴聲　親切又悲切

年輕的傳教士手拿剪子剪著美人蕉的花
異鄉語的喃喃自語我不解
瞭望青空眼瞳裡突然浮現鄉愁
拿在右手的美人蕉花多可憐啊

藍眼瞳的年輕傳教士
今晚的餐桌上插上這朶美人蕉花
爲了等待他的兩位友人嗎？
新樓罩著濃濃的午後色調

新樓的午後　臨風的阿梨啊
阿梨握著黑皮聖經走回蓮霧樹林中

蓮霧的白色花蕊冷冷地飄落
紛紛落在阿梨的肩胛鼓起的胸部

——一九四〇年一月一發表於《文藝台灣》創刊號

㈣聖歌

在後街裡土塊造的大宅二樓上
悲傷的翠翠呀　我的翠翠今天還靜靜地生存著
透過窗子眺望夕陽的天空
靜靜地喝著藥湯養病

我輕輕地讀著聖經給翠翠聽
她只是睜著圓圓的大眼盯著我一邊點頭
從她蒼白的臉頰到頸子　白裡透紅的微血管
在那薄薄的皮膚下流著她的生命
翠翠的母親那冷冷的目光　已不再使我感到悲傷

我邊撫摸著她的前髮
「翠翠你看　落日的海面」

指向窗外
窗外遠方安平港的天空　一片刺眼的紅光
她靜靜地瞌上眼睛，輕聲細語地
「請永遠這樣地摸著我的頭髮」

飄過黃塵的街道　飄過冷風的小巷　零落的鳳凰花
佇立寶美樓前十字路口臨風搖曳
傾聽彷彿翠翠的歌聲飄在夕陽中
弦仔的美音潺潺交錯

呀！就快消失而去的生命
不知何時起已恨著翠翠的母親
走過一條小巷又一條小巷
哭不出的我蹣跚步伐
摀著那冷冷的土牆
邊嘆息邊走著

——一九四〇年十月一日發表於《文藝台灣》第一卷第五號

(五)雛

最近哪兒的家都流行養小雞

妻子買來小雞叫我看小雞
從此家裡可熱鬧
小雞要睡窩也要飼料
妻子照顧小雞忙得不亦樂乎
然而丈夫一天只看一回小雞
妻子責怪丈夫成天只愛看書
看看小雞吧　就爲這芝麻小事
妻子吵嚷　丈夫苦笑
有時丈夫丟下看了半途的書而走出庭院
赤腳拿著鐵鎚　爲小雞蓋睡窩
因爲小雞而夫妻吵嘴

丈夫想想眞不合算
所以一邊聽著小雞的叫聲一邊猛看小説

呀！最近哪兒的家都流行養小雞

——一九四二年八月二十日發表於《文藝台灣》第四卷第五號

(六)映照於秋天的紅葉

常春的南國台灣
美麗的綠島台灣
安祥而平靜地長眠　無數的傳說啊
想想這是長久以來武陵桃源之夢
如今這兒開始嶄新的神話
爲了鏟鋤可惡的醜草
一億國民齊身挺起
新台灣是
坐鎮在大和島以南不動搖的大艦
把洶湧而來的仇浪踢散成白色的浪花
向大東亞的大海靜靜地出航
無論老的、幼的、男的、女的
島上所有人的力量牢實地團結在一起

如今每個人都是堅強的
此刻正是文人該幹的時候了
擔負使命的你們遠行海山
與大東亞各國的好友相互傾訴
在感激與感動之中歸來了
在菊花飄香的尊貴佳節舉行了
那空前的文學集會令人滿胸熱血
以淚水傾訴民族堅定的誓言的你們歸來了
你們閃耀的眼中燃燒新的理想
你們決然的眼神顯示著堅決的意志
在你昂然的眉宇間
我們感覺到無限的信心與力量
感謝　感謝
我們由衷感謝你們的旅程
更期待你們旅途的收獲
你們的聰明

你們的智慧
映照在美麗國土的秋天的紅葉上
增加了無比美麗明朗的光輝
說起秋天就想起大和的美麗國土
那美麗的大和國的深秋裡
你們想著什麼呢？
或者在奈良古都的菊香中
造訪古老遺跡時
你們感覺到什麼呢？
何況
掬五十鈴河川的清流漱口
向尊嚴的神宮磕頭時
你們下了什麼決心呢？
如今你們精神飽滿地歸來了
我們與高采烈地迎接你們
現在台灣正面臨新的出發

我們爲了在台灣樹立大東亞文學而奮起
也爲建設大東亞新秩序聖戰之勝利
挺身拿起比刀劍銳利的筆
你們的決意使我們下定決心
互相誓言將成爲大東亞建設的礎石
你們精神飽滿地歸來了
啊！朋友們啊！手牽手一同邁進吧！

一九四二年十二月二十五日發表於《文藝台灣》第五卷第三號

華麗島文學的開拓者

——追悼西川滿

新垣宏一 作
戴嘉玲 譯

年輕時的西川滿，自從早稻田大學法文系畢業，回到台北老家後，發表『媽祖祭』詩集，不僅以個人立場而且以『文藝台灣』之同人雜誌社爲據點，展開了強有力的浪漫運動。與同時代的台灣詩人、作家或台北帝國大學之文人教授們接觸，開創了外地文學的堅固地盤。這些台北帝國大學和台北高校出身的作家群裏，誕生了濱田隼雄、新垣宏一、新田淳、黃得時、萬波敎、邱永漢等人。外加西川滿少年時代的朋友，以宮田彌太郎爲首，有立石鐵臣、長崎浩、楊雲萍、池田敏雄、周金波、葉石濤等人的參加，各展其詩、小說、繪畫之所長。在鄉土史、民俗學等諸派裏，尤其是我和邱永漢初期的詩，均沿襲西川之流派而開花結果的。

西川滿把台北變成詩的風土。與此相呼應的，以台南爲據點的是生長於南台灣的我與邱永漢。

當邱永漢還是台北高校普通科的少年時，就已發揮早熟的才華，帶著西川私刊的美裝本作品，到我住處來訪，暢談了一番。之後，邱永漢從台北高校文科一畢業，就進入東京大學經濟學部。戰後卻轉身爲作家，其文才實在令人驚訝。

西川常以所遊歷的淡水、大稻埕、板橋、江山樓一帶，林本源庭園，及夜間賣花女或製茶工場的女工們之生活爲題材而美化之，加深了鄉土色彩的情感。因此這些也就成了池田敏雄探訪萬華民俗的契機，及士林文人楊雲萍和黃得時等人詩興的強心劑。

而後，西川應我這個以探索研究台南鄉土文學爲主的邀請，開始分期的南下活動。在南下途中的斗六，西川就逗留在他的敬慕者當地貴公子的鄭津梁家裏，對陳林氏館的舊氏房子感動不已。

與我同行前往台南時，必走訪安平和鄭成功的淵源，在鎭上米街買些土俗宗教版畫，或徘徊於「摸乳巷」的小巷，或佇立於赤嵌樓上，或巡禮陳氏家廟，充分地吸飽清朝的餘香。西川之最大傑作『赤嵌記』就是如此誕生下來的。

我認爲西川的藝術應在台南展開，於是與西川共同主辦了其美裝限定本的展示會及講演會。我透過教職生活與當地的人們交流，後來寫了很多有關的小說或論文及隨筆。當我再轉居於台北時，又開始與西川深交，參與了『文藝台灣』同人雜誌的隆盛期活動。未幾不幸被捲入戰局，迎接終戰。

接著台灣光復，西川與濱田等所有的日本人都回國了，只有我及少數幾位日本人以「日僑」身份殘留下來。

台灣光復一年後，由中國本土來台居住之外省人與本省台灣人發生爭執，繼而爆發了「二二八事件」，連光復不久即返台的邱永漢，再次從台灣離境，輾轉逃亡至香港。

我因留在台而親眼目睹了「二二八事件」。於離台返日後，將其經過報告給西川，西川則以此爲題材寫了『台灣脫出』這部作品吧。

幾年後，由香港轉居日本的邱永漢，因爲『香港』這篇作品而得了直木賞，之後就活躍於日本文壇了。

西川於戰後回到日本開始深信風水思想、算命哲學、媽祖天后信仰，開創了自己獨特的天地。

由西川的閱歷總括而言，可說他是於日本文學中開拓了所謂的「華麗島文學」之一大領域的人物。

尾崎秀樹在最近的著作裏，將這些外地日本文學稱爲「殖民地文學」，視其爲帝國主義的一環而做了政治性的批判。然而出身於台灣第二代的日本文學家們，下意識裏或者在心靈深處早以「台灣人」自居，熱情地歌詠著台灣鄉土。

由鄭成功、北白川宮爲開祖的第一代傳統成了第二代以後西川的新華麗島文學。而今對撤回祖國之內地人而言，可說是成爲心靈旅程的「望鄉文學」了。

一九九九年七月十五日發表於《淡水牛津文藝》第四期

年譜

新垣宏一先生年譜初稿

戴嘉玲 編

年代	○行事 ●作品
大正二年（一九一三）一歲	○一月三十日，生於台灣高雄市。
大正八年（一九一九）六歲	○四月，入學高雄市第一小學校。
大正十一年（一九二二）九歲	●小學四年級時，以「高雄の港の美しさ」之作文入選於台灣唯一的兒童雜誌《台灣子供世界》之金賞。
昭和二年	○四月，考入高雄中學校。

（一九二七）十四歲	●以英文寫成之作文「日本軍艦の歷史」刊於校友會雜誌。 ○由於坂井琴子夫人借給的一本書『瀧口入道』，而邁入大人的文學世界。
昭和五年（一九三〇）十七歲	○三月，中學畢業後決心進學高校，在家猛讀書。同時加入「マロニエ」的同人，並投稿詩、童話、短篇小說於《台南新報》。
昭和六年（一九三一）十八歲	○四月，考入台北高校的文科甲類，校長爲下村湖人先生，級任老師爲波多野精太郎先生。因加入文藝部認識了黃得時。當時中村地平、濱田隼雄學長都是文藝部的先輩。 ●因受黃得時的慫恿，首次發表短篇小說「でぱあと開店」於《台高新聞》（台北高校發行的報紙）。 ○初閱讀《戰旗》之類的左翼雜誌，不甚喜歡，遂無法變成左傾思想。
昭和九年（一九三四）二十一歲	○考入台北帝國大學文政學部文學科，專攻國語學國文學，指導教授是當時研究西鶴文學首屈一指的瀧田貞治助教授。
昭和十年（一九三五）	●一月六日，發表新詩「葬式のあつたらしい夜」於《第一線》（原爲《先發部隊》第二號）。

二十二歲	●六月十日，發表小說「訣別」(上)於《台灣文藝》第二卷第六號。 ●七月一日，發表小說「訣別」(中)於《台灣文藝》第二卷第七號。 ●八月四日，發表新詩「切支丹詩集」於《台灣文藝》第二卷第八・九號。 ●十二月二十八日，於《台灣新文學》創刊號「反省と志向」欄投書。
昭和十一年（一九三六）二十三歲	●一月十二日，於《台大文學》發表評論「芥川龍之介の研究」。 ●五月四日，發表「新文書三月號評」於《台灣新文學》第一卷第四號。
昭和十二年（一九三七）二十四歲	○三月，畢業於台北帝國大學。 ●三月十日，發表散文詩「南蠻繪屏風」於《媽祖》第十三號（媽祖書房）。 ○七月十八日起擔任台南州立台南第二高等女學校的國語教師。此時，與台北高校的後生邱永漢交往成至友。
昭和十三年（一九三八）二十五歲	○一月五日，與松原キヨエ女士於高雄結婚，證婚人爲恩師島田謹二先生。
昭和十四年（一九三九）	○一月，接待西川滿、島田謹二、立石鐵臣等人遊歷台南。 ●九月三十日，發表隨筆「台南で歿せる三代竹本大隅太夫」於《台大文學》第四

	卷第四號。
二十六歲	●十月，發表隨筆「安平夜話」於《台灣時報》十月號。 ●十二月一日，發表新詩「廢港」於《華麗島》創刊號。
昭和十五年（一九四〇）二十七歲	●一月一日，發表「十夜の半弓」（井原西鶴文學中所見之偵探譚）於《警察時報》。 ●一月一日，發表新詩「新樓午夜」於《文藝台灣》創刊號。 ●一月十三日，與前島信次、西川滿共三人於台南座談「古都台南を語る」。刊於《文藝台灣》第一卷第二號（三月一日發行）。 ○一月十三日，於台北公會堂舉辦「文藝講演會」，由新垣宏一致詞。（演講人：立石鐵臣、前島信次、西川滿、島田謹二） ●二月二十二日，發表「邯鄲の夢について——國文學を中心として——」於《台灣警察時報》。 ●五月三十日，發表隨筆「花咲ける鳳凰木」於《台灣時報》五月號。 ●七月九日，發表評論「胡適のことなど」於《台灣藝術》第一卷第五號。 ●七月十日，發表「『女誡扇綺譚』——斷想ひとつふたつ—」於《文藝台灣》第一卷第四號。

	●八月十五日，發表「自像の弁」於《台灣文藝》第一卷第六號。 ○八月，爲調查大隅太夫的資料北上。 ●十月一日，發表新詩「聖歌」於《文藝台灣》第一卷第五號。 ●十二月十日，發表隨筆「台南通信」於《文藝台灣》第一卷第六號。 ●以鞠子川光一之筆名，發表「阿片島綺譚」於《台灣新聞》正月號。（以二等獎入選）
昭和十六年 （一九四一） 二十八歲	○轉任台北州立第一高等女學校教師。 ●發表「第二冊の文學」於《台灣日日新報》。 ●五月二日，發表「拜竈君公　台南の傳說より（下）」於《台灣日日新報》。 ●五月二十日，發表「台南地方民家の魔除けについて」於《文藝台灣》第二卷第二號。 ●七月一日，發表民俗「台南の民俗傳說」於《台灣地方行政》第七卷第七號。 ●七月一日，發表「薔薇園逍遙」於《台灣藝術》第二卷第七號。 ●十月二十日，發表隨筆「鳳梨」於《文藝台灣》第三卷第一號。 ○擔任台灣文藝家協會的詩部理事。 ●十一月二十日，發表隨筆「露地の細道」於《文藝台灣》第三卷第二號。

昭和十七年 （一九四二） 二十九歲	●一月二十日，發表小說「城門」於《文藝台灣》第三卷第四號。 ●四月二十日，發表小說「盛り場にて」於《文藝台灣》第四卷第一號。 ●五月二十日，發表隨筆「支那譯について」於《文藝台灣》第四卷第二號。 ●七月八日，發表隨筆「外地の情趣」於《台灣地方行政》第八卷第七號。 ●八月十五日，小說「城門」收於《台灣文學集》（西川滿編輯）。 ●八月二十日，發表新詩「ひよこ」於《文藝台灣》第四卷第五號。 ○擔任《台灣繪本》（西川滿編輯，東亞旅行社出版）執筆者之一。 ●十月二十日，投書於《文藝台灣》第五卷第一號的〈雞肋〉欄。 ●十一月二十日，發表新詩「ハワイ攻擊」、「皇民」及評論「國民詩片語」於《文藝台灣》第五卷第二號。 ○十二月二十三日，於台北會見火野葦平。 ●十二月二十五日，發表新詩「『秋の紅葉に照り映えて』——大東亞文學者大會出席者諸兄の歸北を迎え——」及小說「訂盟」於《文藝台灣》第五卷第三號。 ○十二月二日，由台灣文藝家協會主辦，皇民奉公會中央部支援，於台北市公會堂舉辦大東亞文藝講演會，新垣宏一擔任詩朗讀。
昭和十八年	●一月二十八日，發表新詩「歌仔戲」及隨筆「あやつり人形」、「盛り場」、「台

（一九四三）

三十歲

灣の蝶」、「洗濯」、「鹿」、「龍骨車」於『台灣繪本』（西川滿編輯）。

●二月一日，發表新詩「からすみのうた」於《文藝台灣》第五卷第四號。

●與河野慶彥、大河原光廣（台灣）、日野原康史（東京）等四人於台南市四春園參加「台南地方文學座談會」，座談內容刊於三月一日發行之《文藝台灣》第五卷第五號。

●四月一日，發表小說「山の火」於《文藝台灣》第五卷第六號。

●四月一日，發表隨筆「閑話」於《台灣藝術》第四卷第四號。

●四月十日，發表隨筆「駱駝のはなし」於《台灣地方行政》第九卷第四號。

●四月十五日，發表小說「陀佛靈多」於《台灣鐵道》第三七〇號。

●六月一日，發表短篇小說「若い水兵」於《文藝台灣》第六卷第二號。

●六月三十日，發表「デング熱のこと」於《台灣鐵道》第三七二號。

○七月，獲得第二回文藝台灣賞。

●八月一日，發表「高砂義勇隊」於《婦人畫報》第三十七卷第八號。

●八月一日，發表第二回文藝台灣賞之「感想」於《文藝台灣》第六卷第四號。

●八月一日，發表隨筆「大隅太夫に就て」於《台灣公論》八月號（台灣公論社出版）。

	○十一月十三日，參加「台灣決戰文學會議」。 ●十二月一日，發表「上海の妹に」於《台灣藝術》第四卷第十二號。 ●十二月二十五日，發表「西鶴と瀨川菊之丞」於《西鶴研究》第四册（瀧川貞治編輯）。
昭和十九年（一九四四）三十一歲	●「《台灣決戰文學會議》——本島文學決戰態勢の確立，文學者の戰爭協力——」之發言，刊於一月一日發表之《文藝台灣》終刊號。 ●一月一日，發表評論「日本文學の傳承（われらの主張）」及小說「砂塵」於《文藝台灣》終刊號。 ○擔任『台灣一周』（西川滿企畫編輯，東亞交通公社出版）裡「高雄」的執筆者。 ●三月一日，發表小說「朝晴れ」於《台灣藝術》第五卷第三號。 ●六月一日，發表「芭蕉について」於「台灣藝術」第五卷第六號。 ●六月十四日，評論「台灣一家の結束（台灣文學者の蹶起）」、「森鷗外」於《台灣文藝》第一卷第二號。 ●七月一日，發表「健兵の母よ斯くあれ」於《新建設》七月號。 ●八月十三日，發表「鐵量（派遣作家の感想）」於《台灣文藝》第一卷第四號。 ●九月八日，發表隨筆「洋鬼談義（上）」於《台灣新報》。

	●九月九日，發表隨筆「洋鬼談義(下)」於《台灣新報》。 ●十月，發表隨筆「布袋草」於《旬刊台新》第一卷第九號(十月中旬刊)。 ●十一月十日，發表小說「船渠」於《台灣文藝》第一卷第五號。 ●十二月一日，發表評論「『三四郎』の時代——夏目漱石についてのノート」、短篇小說「醜敵」於《台灣文藝》第一卷第六號， ○十二月十四日參加第一回「明治文學研究會」(每月一回)，預定於第三回發表「明治文學史」。 ●十二月，發表小說「此の手、此の足」於《旬刊台新》第一卷第十六號(十二月下旬號)。
昭和二十年 (一九四五) 三十二歲	●一月五日，發表小說「いとなみ」於《台灣文藝》第二卷第一號。 ○由文學奉公會和美術奉公會協助舉辦的「軍報道部移動展覽會」，於一月十五日起在島內各檢查場展示：新垣宏一爲展示品的執筆者之一。 ●一月十六日，小說「船渠」收於『決戰台灣小說集』坤卷(台灣出版文化株式會社)。 ●三月十九日，發表隨筆「忍術」於《台灣新報》。 ○十月，爲台灣省教育廳所留用，繼續擔任第一女子中學教員，兼任圖書館館

	長。以及擔任和平中學(日本人學校)的教師。
昭和廿一年（一九四六）三十三歲	○四月二十四日，長女紫誕生。
昭和廿二年（一九四七）三十四歲	○與矢野峰人、森於菟、池田敏雄及其夫人黃鳳姿等人一起坐船撤回到日本，於五月二十二日登陸佐世保。 ○九月一日，擔任德島縣立撫養高等女學校教師。
昭和廿四年（一九四九）三十六歲	●一月二十日，於德島縣教職員組合發行之「兒童劇集」發表腳本「北の便り」。 ○三月，擔任德島縣教育委員會的指導主事。
昭和廿六年（一九五一）三十八歲	○八月二十四日，擔任德島縣教育研究所所長。
昭和三十年（一九五五）四十二歲	○十月，於第一回青少年讀書感想文的全國比賽中擔任德島縣預選的審查員。

昭和卅八年（一九六三）五十歲	○四月，擔任德島縣立穴吹高等學校校長。
昭和四十年（一九六五）五十二歲	○四月，擔任德島縣立名西高等學校校長。
昭和四四年（一九六九）五十六歲	○四月，擔任德島縣立富岡西高等學校校長。
昭和四七年（一九七二）五十九歲	○四月，高校校長退休。 ●十一月，發表「漱石材源研究（坊ちゃん）」於《德島新聞》。
昭和四九年（一九七四）六十一歲	●十月，「漱石研究資料」收於『漱石文學全集』別卷的「漱石文學研究年表」（荒正人著）。
昭和五十年	●三月，發表「德島慶應義塾についての考察」於《三田評論》四月號。

年代	事項
六十二歲 （一九七五）	●七月，由德島カラムス出版著作『モラエスのとくしま散歩』（筆名：新開宏樹）
昭和五一年 （一九七六） 六十三歲	○擔任國立德島大學講師。
昭和五三年 （一九七八） 六十五歲	●十二月，發表「『坊ちゃん』の松山ことば修正の問題」於《四國女子大學研究紀要》第二十三期。
昭和五五年 （一九八〇） 六十七歲	●三月，發表「『夏目漱石自畫自贊蘭水仙之圖』について於《四國女子大學研究紀要》第二十六期。
昭和五六年 （一九八一） 六十八歲	●發表「住田昇の松山日記について」於《四國女子大學研究紀要》第二十八期。
昭和五七年 （一九八二）	●十二月十五日，發表「橫地・弘中書き入れ本『坊ちゃん』について」於《四國女子大學研究紀要》第三十一期。

年代	事蹟
六十九歲	
昭和五八年（一九八三）七十歲	○秋天十一月三日，獲天皇頒「勳四等瑞寶章」。
昭和六十年（一九八五）七十二歲	●三月，發表「『則天去私』座右銘の成立」於《四國女子大學研究紀要》第三十六期。
昭和六三年（一九八八）七十五歲	○七月十三日，妻子過逝。
平成元年（一九八九）七十六歲	○六月，戰後首次訪問台灣，前往台北、高雄出席台北第一高等女學校及台南第二高等女學校的同窗會。
平成二年（一九九〇）七十七歲	○新家落成，與長女夫婦同住。 ○九月九日，心肌梗塞發作緊急入院。 ○十一月二十四日出院，自宅療養。

平成四年（一九九二）七十九歲	○九月，山岸翠女士及岸萬里來訪之前，於室內跌倒，肋骨斷裂緊急入院。
平成五年（一九九三）八十歲	○三月出院，自宅療養。
平成十年（一九九八）八十五歲	●十一月，發表「台灣時代」於『台北第一高女ものがたり』。
平成十一年（一九九九）八十六歲	●七月十五日，發表「華麗島文學的開拓者」於《淡水牛津文藝》第四期。 ○十一月二十七日，張良澤與戴嘉玲初訪。
平成十二年（二〇〇〇）八十七歲	●四月十五日，發表「華麗島歲月(1)」於《淡水牛津文藝》第七期。 ●七月十五日，發表「華麗島歲月（續完）」於《淡水牛津文藝》第八期。

（資料提供者：張良澤教授）

後記

父の思い出と共に

佐藤 紫

「台湾」、「台北」、「高雄」、「基隆」、これらの地名は、私には特別な響きで聞こえてきます。私がそこで生まれ、両親や祖父母（父方も母方も両方とも）が、そこで若き日々を過ごしたからでしょう。私は幼い頃、人から「生まれた所はどこ？」と聞かれると、「タイホク」と誇らしげに答えていたそうです。しかし、その台北が何処で、どんな町なのかは、私の記憶には全然ありませんでした。只その時はもう、日本の国ではなく、タイワンという外国になっているのだという知識しか持っていませんでした。しかし、親や祖父母から、「佐久間町」、「いりふね町」、

美好的回憶

佐藤 紫

「台灣」、「台北」、「高雄」、「基隆」，這些地名，我聽來感到某種特別的回響。那是因爲我在那兒出生，而雙親及祖父母（父方及母方皆是）也都在那兒度過年輕時代。我幼年時，人家問我：「妳在哪兒出生的？」我就驕傲地答道：「台北。」但是台北在哪兒？什麼樣的街市？我全然沒有記憶。只知道那兒已不是日本，而是在叫做「タイワン」（台灣）的外國之中。然而，雙親及祖父母常常告訴我「佐久間町」、「入船町」、台北的動物園、植物園等似乎現今還存在於身邊的事事物物；還拿我坐在嬰兒車、祖母帶我去動物園散步

台北の動物園、植物園等々、さも、すぐそこに今でも存在しているような近しさで話に聞かされたり、乳児の頃の私が、乳母車に乗せられて、祖母と動物園を散歩している写真を見せられたりもしていましたので、台湾、台北といった土地に、非常な愛着心や郷愁を覚えます。

母からは、母の育った高雄の話もよく聞かされました。父親(私には祖父にあたる、松原英郷という人物)が、当時、高雄のパイナップル缶詰工場に勤務していたので、女学校でテニスクラブに所属していた母は、バケツを持ってパイン工場へ行き、検査にハネられたパイナップルをもらって来て、部員のおやつにしたそうです。また、パイナップルは熟する季節により、その甘さが違うのだとか、いろいろ日本では、お目にかかれないような珍しい自然界の話など、下手な童

的相片給我看。所以對台灣、台北這些地方,我特別感到非常喜愛與鄉愁。

母親也常告訴我她生長於高雄的故事。祖父(名叫松原英鄉)當時任職於高雄的鳳梨罐頭工廠,母親就讀於女學校,參加網球俱樂部。母親提著水桶去鳳梨工廠,要來一大桶檢查不合格的鳳梨給部員們吃。母親還告訴我,鳳梨隨着成熟的季節,甜味有所不同。還有其他種種在日本看不到的珍奇的自然界故事,比起不好聽的童話更爲有趣,令我聽得心中躍然。

話よりも興味深く、ワクワクしながら、話に聞き入ったものでした。

また、年の暮れや新年になると、牡丹の花やクリスマスツリー等のきれいな色の絵が描かれたカードが、父の台湾時代の教え子の方達から送られてきました。日本の年賀状とは異なる、極彩色のそれらを、あきる事なく見入っていたものでした。

そして、台湾から、お客様として黄得時さん(少々、足が御不自由だったと記憶しています。)や、邱永漢さん(徳島名物の鮎をさしあげた時、上手に骨抜きをされて召し上がり、残された骨が、みごとに魚の型のままだったのが、子供心に鮮やかな印象として残っております。)が、我家に泊まられた事も、台湾に関連した事件として、よく今でも覚えております。

時には、台湾から、日本では珍しい食品、龍

父親的台灣時代的門生們每到歲暮或新年的時候，就會寄來彩繪牡丹或聖誕樹等美麗的卡片。和日本的賀年片不同，色彩極爲鮮艷，令人百看不厭。

有時從台灣來的客人會住在我家，比如黃得時先生(記憶中他的腳有點不自由)、邱永漢先生(獻上德島名產的鮎魚，他就很靈巧地挑吃魚肉，剩下完整的魚骨頭而不變形，留給小孩的我深刻印象)，都會談起有關台灣的事件，如今記憶猶新。

有時候會從台灣寄來在日本看不到的龍

眼(干しゲンゲンと呼んでいた様に思います。)、豚肉のデンブ、からすみ、干したバナナやパイナップル、台湾の人達は、何故、こんなものが好物なのかと不思議に思ったスイカの種等が届けられ、当時、通学していた小学校の友人に話すと、とてもおもしろがられたり、うらやましがられたりも、したものです。このように、台湾の事には何でも、興味を示す子供の私を前に、父は、若いころを楽しく、文学に明け暮れた台湾時代のいろいろを、懐かしさも混えて、おとぎ話でもするように、話して聞かせてくれたものでした。

このように、父や私にとりまして、格別の思いがこもる台湾時代の事を、このたび、張先生のお勧めで書かせていただく事になり、父の喜びは大変なものでした。これが、自分の書く最

眼乾、豬肉鬆、烏魚子、香蕉乾、鳳梨，以及我老想不通爲何台灣人這麼愛吃的瓜子等等。我把這些事告訴小學的同學們，大家都覺得非常有意思而又羨慕。如是，對台灣的任何事物都感興趣的我，父親還常講些年輕快樂、沈迷於文學的台灣時代的事給我聽。父親滲雜着懷舊的心情在述說，而我卻像在聽童話故事。

總之，父親與我對台灣時代有特別的感情。而這次，張先生勸我們把它寫下來，父親大爲高興。長年躺在病床上而意氣消沈的父親，突然興奮起來，說這是他一生最後的

後のものになるだろうと、長午の病床暮らしで意気消沈していた父が、俄然、奮いたちました。古い写真や、資料をさがし出したり、食事以外にはめったに乗らない車イスに座り、原稿用紙に迎い、書き続けました。

誘眠剤の副作用で記憶もおぼろげになり、自分が今、どこに住んでいるのか、地理的に自分の居場所をすっかり忘れてしまった時にも、不思議に台湾の地理、地名はよく覚えていました。それどころか、今でも、そこに居住しているのだという錯覚さえしていました。そんな時、台湾から教え子の方が日本へ觀光旅行に来て、そのついでに徳島の自宅に寄ってくださった時などは、「君の家からは、バスで来たのかね、帰りのバスの時刻は、大丈夫かね。」と妙な心配をしたりする始末でした。戦後、この徳

寫作。把舊相片及資料找出來，坐上除了吃飯以外很少坐的輪椅，面向稿紙，奮筆苦幹。

由於安眠藥的副作用，記憶已模糊，連自己住在哪裡，有時也會忘記。但很奇怪，台灣的地理、地名卻記得一清二楚，甚至還錯覺現在還住在那兒呢。那時候，門生從台灣來日本觀光旅行，順道來訪德島的我家，父親就問：「你從家裡坐公車來的嗎？公車回去的時間沒問題吧。」眞叫人驚奇又躭心。戰後從台灣復員於德島迄今過半世紀以上了，可是居留期間較短而度過文學三昧的好時光的台灣，卻令父親如此執著，實令人不可思議。前不久，從東京特地來德島探望

島に引き揚げてきて、もう、半世紀以上になろうとしているのに、それよりも短い間ですが、文学三昧の良き時代を送った台湾に、これだけ執着するのには驚かされました。この時期、東京からわざわざ、徳島まで父を見舞ってくださった、小学校時代の同級生、小平さんにも、「宏ちゃんが、うらやましい。良い事だけを記憶に止めておけるのだから」と言っていただけたくらいです。それ程、思いのこもった台湾時代のいろいろを書き記せるのです。有頂天になり、張り切るのも無理からぬことです。あまりの度の過しように、一時期は体調を崩し、はては、気管支炎にまでかかる始末でした。しかし、これが最後の文章になるかも知れないという執念はすごいもので、ミミズがのたくったような、判読困難な文字でも、ところどころ、

父親的小學同學小平先生，告慰我們道：「小宏叫人羨慕呀。只把美好的事留在記憶裡。」現在，父親把那般喜愛的台灣時代記錄下來，難怪他會那麼賣命而樂昏了頭。可是似乎太勞累了，致使中途身體惡化，還引起支氣管炎。只因他執念於這或許是人生最後的作品，所以即使用蚯蚓般難懂的文字，或前後連貫不起來的文句，他也終於把它完成了。實在不簡單。（然而我抄寫的時候，可真吃盡苦頭。）

辻つまの合わない文章でも、とにかく書きあげました。たいしたものです。（でも、後で、これを清書するには、だいぶ骨がおれました。）

台湾時代の事を話し合う仲間や、身近な人達もだんだん少なくなっていく現在、思いっきり、自分の青春時代のあれこれを書き留めることができ、父本人は今、大変に満足していることでしょう。何時も、実際の年齢より若く見られ、敍勲の時（七十歳を越えていたにもかかわらず）、黒々とした頭で写真に写っている、いわばダンディ（少々ほめすぎかも知れませんが）な父が、十年にも及ぶ療養生活のために、老い衰えていくのを見ているのは、娘として少々つらいものがありましたが、このたびの事で、父が、まだまだ自分には書けるのだという自信を、わずかでも取り戻してくれて、私も安心いたしました。ま

互訴台灣時代往事的伙伴或身邊親近的人們愈來愈少的今日，能把自己的青春時代盡情地寫下來，父親必也大感滿足了吧。平素看來比實際年齡還年輕，敍勳時已過七十歲，但還攝下滿頭黑髮的相片，所謂但丁似的父親（也許太誇張了些），只因度過十年以上的療養生活，而變得衰老不堪。做女兒的我，看在眼裏，痛在心裏。這次，父親恢復了一點信心，認爲自己還能寫作，實叫我放心不少。而且闡明了父親走過來而我有所不知的足跡（我出生以前的事），讓我重新認識自己的「根」，令人不勝欣慰。

た、父のたどって来た、私の知らない道（私の生まれる以前の事ですので）を明らかに書き残してくれた事で、私自身のルーツといったようなものを再認識できた事は、私にとってもうれしいかぎりです。

最後になりましたが、張良澤先生や、戴嘉玲様には、父の体調不良等で原稿が遅くなり、御心配や、多大な御迷惑をおかけして申し訳なく思っております。また、このようなチャンスを与えてくださいまして、心よりお礼を申しあげます。

最後，感謝張良澤先生與戴嘉玲小姐，給予這樣的機會；並因父親身體不適而拖延原稿，令你們操心，由衷表示歉意。

編後語

張良澤

日治時代居台日人作家，北有西川滿，南有新垣宏一。南北雙璧，氣性不同。西川孤傲，終生不任教職；新垣隨和，桃李滿天下。

我早年蒐集西川滿資料時，即仰慕新垣先生之文名。只因新垣先生遠居日本四國，苦無緣拜眉。近聞先生臥病不起，又年歲已高，不趕快去挖寶，恐後侮莫及。恰逢西川滿先生謝世，新垣先生寄來追悼文，便藉此機會，與先生通信，並約期拜訪；先生至表歡迎，遂於一九九九年十一月廿七日，偕助手戴嘉玲小姐同往四國德島市。

走進玄關，一位年輕婦女笑容相迎。原來是

▶獨生女佐藤紫女士照料父親新垣宏一先生。

新垣先生之獨生女，名曰「紫」。嫁給佐藤先生，冠夫姓為「佐藤紫」。夫婦與新垣先生同住，照顧其晚年生活。我問「紫」字之讀音，始知不唸「むらさき」，而唸「ゆかり」，甚為驚訝。無獨有偶，同樣旅居台灣多年，同樣在台灣懷孕而戰後返日的芹田騎郎先生之長女，命名為「幽香里」，而讀音為「ゆかり」。「ゆかり」即「由加利」樹，兩位父親皆為紀念台灣特有的由加利樹而命名，足見對台灣用情之深。如今，芹田先生臥病於九州，新垣先生臥病於四國，而台灣故鄉似乎愈離愈遠了。

紫女士引我倆進臥房，新垣先生躺在榻榻米上，伸出微抖的雙手握住我的雙手，聽不清他講什麼，可是我知道他看到故鄉了。

他一定要到客廳陪我們，我與戴小姐便扶他坐上輪椅，推到客廳，再從輪椅上扶他下來，坐在矮桌前。這段距離只有數公尺，卻好像走了一段好長的旅程。

▲張良澤喜獨墨寶。

矮桌上已放好了幾本舊相簿，每翻開一頁，就有他講不完的回憶。從高雄港的童年，到台北高校、台北帝大的青春，到任教台南第二高女、台北第一高女的熱情教師，講得口沫四濺，女兒在旁替他拭嘴。戴小姐雖然在旁錄音、筆記，可是我知道很難整理成篇，因爲一來口齒不清，二來老人的回憶跳來跳去，對於戰前台灣社會很陌生的戴小姐而言，恐難連串起來。於是我冒昧懇請新垣先生親自動筆寫下回憶錄。

我知道叫一位中風的老人提筆是一件很殘酷的事，但爲了留下台灣文學史的珍貴文獻，我請紫女士協助。幸虧紫女士專攻日本文學，且從小就常聽父母描述她生命的故鄉台灣，因此她很樂意幫我這個忙。

我很耽心病人不能久坐，急想告辭，可是老人不甘寂寞，還翻出幾封台灣寄來的舊信，得意地說這是從前他教過的女學生。學生們都已七十多歲了吧，還寫得一手漂亮的日文信，內容無不感激老師的熱情教誨。難怪老師會把這些信像珠寶似地收在盒子裏。

老人心血來潮時，還會用台語誇讚戴小姐「較美」，也會用「台語三字經」罵人——其實也不是眞的罵人，而是一種打招呼或調侃而已。他說他小時候常跑去旗津跟台灣囝仔撕混，學了幾句台語，迄今不忘。

我每到一處，絕不空手而歸。照例拿出宣紙版，請先生題字，他不假思索，便以毛筆寫下兩行——

則天是自然
漱石を學びて

▲戴嘉玲喜出望外。

意味他半生研究夏目漱石文學，得到的結論是「則天是自然」。不但文學貴於「自然」，而且行爲也應「則天」。易言之，「返璞歸眞」當是人生的最高境界——這該是他的座右銘吧。

來回兩天的行程，暢談兩小時，依依不捨，滿載而歸。

大約過了兩個月，才收到紫女士寄來回憶錄的前半篇。她說父親以「人生最後一篇作品」的心情，每天躺在床上寫幾行，字跡像蚯蚓，她一一求證謄抄，故頗費工夫。

其後，病況一度惡化，我眞躭心無法完稿。多虧紫女士細心照料，數月後，總算告一段落。但顯然後半部已因體力不支而草草結束。雖有此語焉不詳，但前後歷經半年的苦鬪，總可交代台灣文壇。他已盡了最後的責任了。

此篇回憶錄原文沒有題名，也沒有分章。我擅自冠題爲『華麗島歲月』，並分爲八章，每章加小標題，翻譯連載於《淡水牛津文藝》。將雜誌寄給先生，先生甚表欣慰。

戰前旅台日人作家西川滿作品，已有多人研究，且已刊行漢譯文集，但新垣先生迄今無人提及，甚覺不公平，其實我亦有責任。便決心編輯他的全集，意圖喚醒國人的注意。但這兩年來，我無暇親自翻譯，只指導兩位研究生翻譯了兩篇小說及六首詩歌。翻譯工程浩大，要將新垣先生全部作品譯完，需時十年，則恐先生已在天國矣。不得已，先將此集出版，聊慰先生於病榻之苦待。

我的能力有限，自從拜謁先生以來，雜務纏身，焦心苦慮，眨眼已過兩年又五個月，結果只提出這一點成果，實愧對先生。但願拋磚引玉，後人再接再勵。

藉這本書的出版，再度向研究生戴嘉玲小姐、杜凡小姐及負責日文校對的三河加代子同學、高部千春助教申謝；前衛出版社林文欽社長讓我隨意出書，並指派新任編輯人員鄭素娥表妹協助編輯。承蒙大家盡心盡力，讓我沾光不少。

最後謹以一位熱愛台灣文學的後生晚輩，向熱愛台灣的日人老前輩新垣宏一先生說聲：辛苦您了，台灣人永遠懷念您！

二〇〇二年六月十日記於台灣文學資料館開幕日

追記

張良澤

六月廿六日前衛出版社寄來出版契約書，我即轉寄給新垣宏一先生簽名。不料，七月四日，其女兒佐藤紫女士寄回契約書的同時，附了一張短箋道：「父親新垣宏一於六月三十日去世了。」

眞是青天霹靂！爲什麼不再等幾天呢？他念念不忘的第一本在台灣出版的著作，就快出來了呀！

我猜想他奮力簽名蓋章之後，就斷氣吧？何等殘忍的我……

此書只好呈獻於先生靈前並向故人致深深的懺悔。

二〇〇二年七月九日追記於八王子

J030	磺溪一完人一賴和	磺溪文化學會・李篤恭編／200元
J031	台籍老兵的血淚恨	許昭榮著／550元
J032	漂流者之夜	秋津信著／220元
J033	辛酸六十年（下）	鍾逸人著／420元
J034	台灣開發與族群	簡炯仁著／380元
J035	你有所不知的台灣獨立時間表	連根藤著／180元
J036	台灣醫學五十年（平）	小田俊郎著・洪有錫譯／150元
J037	別怕中國（台海兩岸軍力總比較）	陳國雄著／250元
J038	會診李登輝	陳儀深、張正修編／250元
J039	台灣政治、種族、地名沿革	張德水著／450元
J040	蔣經國傳（軟精裝）	江　南著／450元
J041	武漢大旅社	黃秀華著／300元
J042	蔣渭川和他的時代（連附冊）	陳芳明編／420元
J043	我的抗日天命	林歲德著／250元
J045	台灣獨立運動私記	宋重陽著／280元
J046	台灣共產主義運動史	簡炯仁著／200元
J048	台灣近代發展史（精）	許極燉著／600元
J049	重審美麗島（精）	呂秀蓮著／600元
J050	台灣・國家的理想	黃文雄著／150元
J051	豬狗牛（中國沙豬・日本狗・台灣牛）	黃文雄著／180元
J052	台灣獨立運動（精）	Claude著・黃發典譯／350元
J053	戰後日、中、台三角關係（精）	臧世俊著／330元
J054	中國來了！	陳國雄著／200元
J055	台灣今昔之旅（台北篇）（軟精裝）	又吉盛清著／360元
J056	台灣歷史辭典（精）	楊碧川編著／500元

●呂則之 著
BA12／280元（精裝）

●呂則之 著
BA13／400元（精裝）

●鍾肇政 著
BA14／350元（精裝）

●鍾肇政 著
BA15／340元（精裝）

●鍾肇政 著
BA16／380元（精裝）

●王 拓 著
BA17／380元（精裝）

●王世勛 著
BA18／320元（精裝）

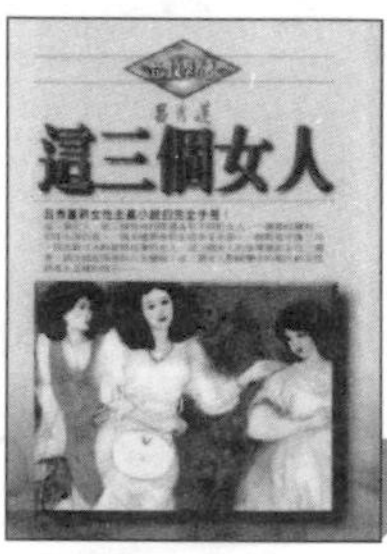

●呂秀蓮 著
BA19A／320元（精裝）
BA19B／280元（軟精裝）

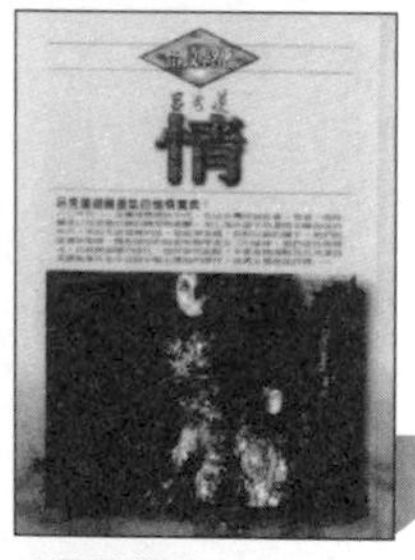

●呂秀蓮 著
BA20／340元（精裝）

●葉石濤 著
BA21／160元（精裝）

●東方白 著
BA22／180元（精裝）

●胡長松 著
BA23／300元（精裝）

●宋澤萊 著
BA24／250元（精裝）

●宋澤萊 著
BA25／300元（精裝）

●郭松棻 著
BA26／200元（精裝）

●宋澤萊 著
BA27／160元（精裝）

學問兼獨立運動、
版，請恁來做功德！

／王雪梅（王育德博士夫人）

育德在一九四九年離開台灣，直到一九八五年去世爲止，不曾再踏過台灣這片土地。

我們在一九四七年一月結婚，不久就爆發二二八事件，育德的哥哥育霖被捕，慘遭殺害。

一九四九年，和育德一起從事戲劇運動的黃昆彬先生被捕，我們兩人直覺，危險已經迫近身邊了。在不知如何是好，又一籌莫展的情況下，等到育德任敎的台南一中放暑假之後，育德才表示要赴香港一遊，避人耳目地啓程，然後從香港潛往日本。

一九四九年當時，美國正試圖放棄對蔣介石政權的援助。育德本身也認爲短期內就能再回到台灣。

但就在一九五〇年，韓戰爆發，美國決定繼續援助蔣介石政權，使得蔣介石政權得以在台灣苟延殘喘。

育德因此寫信給我，要我收拾行囊赴日。一九五〇年年底，我帶著才兩歲的大女兒前往日本。

我是合法入境，居留比較沒有問題，育德則因爲是偷渡，無法設籍，一直使用假名，我們夫婦名不正，行不順，當時曾帶給我們極大的困擾。

一九五三年，由於二女兒即將於翌年出生，屆時必須報戶籍，育德乃下定決心向日本警方自首，幸好終於取得特別許可，能夠光明正大地在日本居留了，我們歡欣雀躍之餘，在目黑買了一棟小房子。當時年方三十的育德是東京大學研究所碩士班的學生。

他從大學部的畢業論文到後來的博士論文，始終埋首鑽研台灣話。

一九五七年，育德爲了出版《台灣語常用語彙》一書，將位於目黑的房子出售，充當出版費用。

育德創立「台灣青年社」，正式展開台灣獨立運動，則是在三年後的一九六〇年，以一間租來的房子爲據點。

在育德的身上，「台灣話研究」和「台灣獨立運動」是自然而然融爲一體的。

育德去世時，從以前就一直支援台灣獨立運動的遠山景久先生在悼辭中表示：「即使在你生前，台灣未能獨立建國，但只要台灣人繼續說台灣話，將台灣話傳給你們的子子孫孫，總有一天，台灣必將獨立。民族的原點，既非人種亦非國籍，而是語言和文字。這種認同，最具體的證據就是『獨立』。你是第一個將民族的重要根本，也就是台灣話的辭典編纂出版的台灣人，在台灣史上將留下光輝燦爛的金字塔。」

記得當時遠山景久先生的這段話讓我深深感動。由此也可以瞭解，身爲學者，並兼台灣獨立運動鬥士的育德的生存方式。

育德去世至今，已經過了十七個年頭，我現在之所以能夠安享餘年，想是因爲我對育德之深愛台灣，以及他對台灣所做的志業引以爲榮的緣故。

如能有更多的人士閱讀育德的著作，當做他們研究和認知的基礎，並體認育德深愛台灣及台灣人的心情，將三生有幸。

一九九四年東京外國語大學亞非語言文化研究所在所內圖書館設立「王育德文庫」，他生前的藏書全部保管於此。

這次前衛出版社社長林文欽先生向我建議出版【王育德全集】，說實話，我覺得非常惶恐。《台灣－苦悶的歷史》一書自是另當別論，但要出版學術方面的專著，所費不貲，一般讀者大概也興趣缺缺，非常不合算，而且工程浩大。

我對林文欽先生的氣魄及出版信念非常敬佩。另一方面，現任教東吳大學的黃國彥教授，當年曾翻譯《台灣－苦悶的歷史》，此次出任編輯委員會召集人，勞苦功高。同時，就讀京都大學的李明峻先生數度來訪東京敝宅，蒐集、影印散佚的文稿資料，其認眞負責的態度，令人甚感安心。乃決定委託他們全權處理。

二〇〇二年六月謹識於東京

伊用功作

阮良心出

關於【王育德全集】

／黃昭堂（日本昭和大學名譽教授）

轉瞬間，王育德博士逝世已經十七年了。現在看到他的全集出版，不禁感到喜悅與興奮。

出身台南市的王博士，一生奉獻台灣獨立建國運動。台灣獨立建國聯盟的前身台灣青年社於一九六〇年誕生，他是該社的創始者，也是靈魂人物。當時在蔣政權的白色恐怖威脅下，整個台灣社會陰霾籠罩，學界噤若寒蟬，台灣人淪爲二等國民，毫無尊嚴可言。王博士認爲，台灣人唯有建立屬於自己的國家，才能出頭天，於是堅決踏入獨立建國的坎坷路。

台灣青年社爲當時的台灣人社會敲響了希望之鐘。這個以定期發行政論文化雜誌《台灣青年》，希望啓蒙台灣人的靈魂、思想的運動，說起來容易，實踐起來卻是非常艱難的一樁事。

當時王博士雖任明治大學商學部的講師，但因爲是兼職，薪水寥寥無幾。他的正式「職業」是東京大學大學院博士班學生。而他所帶領的「台灣青年社」，只有五、六位年輕的台灣留學生而已，所有重擔都落在他一人身上。舉凡募款、寫文章、修改投稿者的日文原稿、校正、印刷、郵寄等等雜務，他無不親身參與。

《台灣青年》在日本首都東京誕生，最初的支持者是東京一帶的台僑，後來漸漸擴張到神戶、大阪等地。尤其很快地獲得日益增加的在美台灣留學生的支持。後來台灣青年社經過改組爲台灣青年會、台灣青年獨立聯盟，又於一九七〇年與世界各地的獨立運動團體結合，成立台灣獨立聯盟，以至於台灣獨立建國聯盟。王博士不愧爲一位先覺者與啓蒙者，在獨立運動的里程碑上享有不朽的地位。

在教育方面，他後來擔任明治大學專任講師、副教授、教授。在那個時代，當日本各大學猶尙躊躇採用外國人教授之際，他算是開了先鋒。他又在國立東京大學、埼玉大學、東京外國語大學、東京教育大學、東京都立大學開課，講授中國語、中國研究等課程。尤其令他興奮不已的是台灣話課程。此是經由他的穿梭努力，首在東京都立大學與東京外國語大學開設的。前後達二十七年的教育活動，使他在日本眞是桃李滿天下。他晚年雖罹患心臟病，猶孜孜不倦，不願放棄這項志業。

他對台灣人的疼心，表現在前台籍日本軍人、軍屬的補償問題上。這群人在日本治台期間，或自願或被迫從軍，在第二次大戰結束後，台灣落到與日本作戰的蔣介石手中，他們既不敢奢望得到日本政府的補償，連在台灣的生活也十分尷尬與困苦。一九七五年，王育德博士號召日本人有志組織了「台灣人元日本兵士補償問題思考會」，任事務局長，舉辦室內集會、街頭活動，又向日本政府陳情，甚至將日本政府告到法院，從東京地方法院、高等法院、到最高法院，歷經十年，最後不支倒下，但是他奮不顧身的努力，打動了日本政界，於一九八六年，日本國會超黨派全體一致決議支付每位戰死者及重戰傷者各兩百萬日圓的弔慰金。這個金額比起日本籍軍人得到的軍人恩給年金顯然微小，但畢竟使日本政府編列了六千億日幣的特別預算。這個運動的過程，以後經由日本人有志編成一本很厚的資料集。這次【王育德全集】沒把它列入，因爲這不是他個人的著作，但是厚達近千頁的這本資料集，很多部分都出自他的手筆，並且是經他付印的。

王育德博士的著作包含學術專著、政論、文學評論、劇本、書評等，涵蓋面很廣，而他的《閩音系研究》堪稱爲此中研究界的

巔峰。王博士逝世後，他的恩師、學友、親友想把他的這本博士論文付印，結果發現符號太多，人又去世了，沒有適當的人能夠校正，結果乾脆依照他的手稿原文複印。這次要出版他的全集，我們曾三心兩意是不是又要原封不動加以複印，最後終於發揮我們台灣人的「鐵牛精神」，兢兢業業完成漢譯，並以電腦排版成書。此書的出版，諒是全世界獨一無二的經典「鉅著」。

關於這本論文，有令我至今仍痛感心的事，即在一九八〇年左右，他要我讓他有充足的時間改寫他的《閩音系研究》，我回答說：「獨立運動更重要，修改論文的事，利用空閒時間就可以了！」我眞的太無知了，這本論文那麼重要，怎能是利用「空閒」時間去修改即可？何況他哪有什麼「空閒」！

他是我在台南一中時的老師，以後在獨立運動上，我擔任台灣獨立聯盟日本本部委員長，他雖然身爲我的老師，卻得屈身向他的弟子請示，這種場合，與其說我自不量力，倒不如說他具有很多人所欠缺的被領導的雅量與美德。我會對王育德博士終生尊敬，這也是原因之一。

我深深感謝前衛出版社林文欽社長，長期來不忘敦促【王育德全集】的出版，由於他的熱心，使本全集終得以問世。我也要感謝黃國彥教授擔任編輯召集人，及《台灣－苦悶的歷史》、《台灣話講座》以及台灣語學專著的主譯，才能夠使王博士的作品展現在不懂日文的同胞之前，使他們有機會接觸王育德的思想。最後我由衷讚嘆王育德先生的夫人林雪梅女士，在王博士生前，她做他的得力助理、評論者，王博士逝世後，她變成他著作的整理者，【王育德全集】的促成，她也是功不可沒。

台灣最後的「大家」、中國眼中的「惡書」、戒嚴時代的「禁書」

王育德全集

全15卷

【王育德全集】出版眞言

王育德博士是世界語言學界所公認的台灣語學權威，也是無數台灣熱血青年的思想啓蒙者，他自19
年逃亡日本，迄1985年逝世爲止，一直都是國府頭痛的黑名單人物，不僅本身無法再回到他心愛的故鄉
灣，連他在日本出版的全部著書，在台灣也都屬「禁書」之列，台灣人大都無緣讀到。

王先生的著作涵蓋面很廣，除學術性的台灣話、福建話研究之外，也包含專門性的歷史學、政治、社會、文學評論，及創作性的小說、隨筆、劇本等，在各該領域都屬出類拔萃的佼佼者，尤其筆下懷帶台灣意識和感情，素爲日本學界及台灣人社會所敬重。

身爲台語研究學者兼台獨運動理論大師，王先生的著述是台灣人學識的智慧結晶，也是台灣良知的總體表露，即使放之世界，亦能閃耀金字塔般的光芒。前衛出版社忝爲專業台灣本土出版機構，企劃出版【王育德全集】是多年來的宏願、使命和責任。由於王先生的著作全部都以日文寫成，前衛社特別成立編輯委員會加以彙整漢譯，共編爲15卷。王先生有言，他寫書的最主要目的，是要寫給台灣人閱讀，今【王育德全集】能完整地在他朝思暮想的台灣故鄉出版發行，是歷史公道，也是淑世天理。

本全集承

財團法人國家文化藝術基金會獎助出版

海內外【王育德全集】助印戶贊助出版

專業台灣本土出版機構

前衛出版社 Avangurad Publishing Co.

地址：台北市信義路二段34號6樓

電話：(02)2356-0301　傳眞：(02)2396-4553

http://www.avanguard.com.tw

E-mail：a4791@ms15.hinet.net

國家圖書館出版品預行編目資料

華麗島歲月／新垣宏一著；張良澤，戴嘉玲譯．
初版．台北市：前衛，2002［民91］
面；15×21公分．

ISBN 957-801-368-X（精裝）

1.新垣宏一－傳記

783.18 91012851

《華麗島歲月》

著　　者／新垣宏一
譯　　者／張良澤・戴嘉玲
責任編輯／鄭素娥

前衛出版社
地址：106台北市信義路二段34號6樓
電話：02-23560301　傳真：02-23964553
郵撥：05625551　前衛出版社
E-mail：a4791@ms15.hinet.net
Internet：http://www.avanguard.com.tw

社　　長／林文欽
法律顧問／南國春秋法律事務所・林峰正律師

紅螞蟻圖書有限公司
地址：台北市內湖舊宗路2段121巷28.32號4樓
電話：02-27953656　傳真：02-27954100

出版日期／2002年8月初版第一刷

ISBN 957-801-368-X

定價／230元